普通高等院校计算机类专业系列教材

Photoshop 图形图像处理

主　编　刘上冰　李建明　龙思宇

副主编　彭慕锋　胡　乾　楚　磊

　　　　刘　垚　关　鼎

北京理工大学出版社
BEIJING INSTITUTE OF TECHNOLOGY PRESS

内 容 简 介

本书以 Photoshop CS6 为例，全面系统地介绍了 Photoshop 软件的基本操作方法和图形图像处理技巧，包括 Photoshop 软件的认识、Photoshop 基本操作工具的运用、选区的运用、图层的运用、图像绘制工具的运用、文字处理、图像色彩和色调的运用、图层蒙版的运用、通道的运用、滤镜的运用和众多 Photoshop 高级应用。

本书内容翔实，图文并茂，语言通俗易懂，共有 10 章。本书以基本概念和入门知识为主线，全面讲解 Photoshop CS6 应用方法，并且通过图片处理、文字处理与合成、名片的设计与制作、宣传折页的设计与制作、平面广告的设计与制作、平面相册的设计与制作、静态网页的设计与制作等案例的讲解与演练，力求使读者快速掌握 Photoshop 的应用技巧。

本书讲解由浅入深、内容丰富、结构合理、思路清晰、语言简洁流畅、实例丰富，能够让学习变得更加轻松、方便。本书适用于广大 Photoshop 初级读者和从事平面图像处理工作的人员，既适合作为相关院校专业课程的教材，也适合作为 Photoshop 自学者的参考书。本书有配套的电子课件与实例素材。

图书在版编目（ C I P ）数据

Photoshop 图形图像处理 / 刘上冰，李建明，龙思宇

主编. -- 北京：北京理工大学出版社，2023.1（2023.2 重印）

ISBN 978 - 7 - 5763 - 2072 - 5

Ⅰ. ①P… Ⅱ. ①刘… ②李… ③龙… Ⅲ. ①图像处理软件 Ⅳ. ①TP391.413

中国国家版本馆 CIP 数据核字（2023）第 010872 号

出版发行 / 北京理工大学出版社有限责任公司

社　　址 / 北京市海淀区中关村南大街 5 号

邮　　编 / 100081

电　　话 / （010）68914775（总编室）

　　　　　（010）82562903（教材售后服务热线）

　　　　　（010）68944723（其他图书服务热线）

网　　址 / http://www.bitpress.com.cn

经　　销 / 全国各地新华书店

印　　刷 / 唐山富达印务有限公司

开　　本 / 787 毫米 × 1092 毫米　1/16

印　　张 / 17.25　　　　　　　　　　　　责任编辑 / 钟　博

字　　数 / 402 千字　　　　　　　　　　　文案编辑 / 钟　博

版　　次 / 2023 年 1 月第 1 版　2023 年 2 月第 2 次印刷　　责任校对 / 刘亚男

定　　价 / 49.80 元　　　　　　　　　　　责任印制 / 李志强

前　言

　　随着计算机软/硬件技术的发展与普及，运用计算机进行图形图像处理、版式编排、艺术设计、图像绘制等已经成为主流，Photoshop 以其强大的图像图形处理功能及友好的界面、相对简单的操作而被广泛运用到图形图像处理、版式、广告、包装、影视、网络、动画等现代设计领域，受到众多使用者的欢迎。

　　本书对 Photoshop 软件的使用与操作进行了较为全面的讲解。本书将 Photoshop 应用知识与不同应用领域的基本知识相结合，从工作流程出发，运用大量项目案例对 Photoshop 操作进行了系统的阐述。

　　本书基于项目式教学理念，所有项目案例经过精挑细选，具有较强的代表性，同时这些项目案例包含了当前最为流行的创意与技术。本书不仅可以作为高职高专、本科院校相关专业的实训课程教材，也适合企业员工入职培训与爱好者与从业者自我学习提升。

　　本书由湖南软件职业技术大学刘上冰、李建明、龙思宇主编。其中第 1、2 章由李建明、刘垚编写，第 3、4 章由龙思宇、胡乾编写，第 7、9 章由彭慕锋、楚磊编写，第 5 章由潇湘电影集团关鼎编写，第 6、8、10 章由刘上冰编写。

　　本书在编写过程中得到了湖南软件技术大学的大力支持与帮助，在此表示衷心的感谢。

　　由于时间仓促，编者水平有限，书中难免有不妥之处，请读者谅解，并提出宝贵意见。编者的联系邮箱为 603440498@ qq. com。

编　者

目 录

CONTENTS

第 1 章　Photoshop 概述

◎**要点难点分析**

要点：

（1）Photoshop 概述与现有版本；

（2）Photoshop 的应用领域与主要功能特色；

（3）Photoshop 及其他平面图形软件的区别与结合。

难点：

Photoshop 的应用领域与主要功能。

难度：★★

◎**学习目标**

（1）了解 Photoshop 的概况与现有版本；

（2）熟悉 Photoshop 与其他平面图形软件功能的异同；

（3）掌握 Photoshop 的应用领域与主要功能特色；

（4）了解网络安全知识，安全、正确、合理地使用网络，注意保护个人信息安全；

（5）学会合理使用图片，具备版权保护意识。

1.1　Photoshop 概述与现有版本

1.1.1　概述

Photoshop 是 Adobe 公司旗下最为著名的图像处理软件之一。

Adobe 公司成立于 1982 年，是美国最大的个人计算机软件公司之一。

1.1.2　Photoshop 的版本历史

经过 Thomas 和其他 Adobe 工程师的努力，Photoshop 1.0.7 于 1990 年 2 月正式发行。John Knoll 也参与了一些插件的开发。第一个版本只有一个容量为 800KB 的软盘（Mac）。

20 世纪 90 年代初，美国的印刷工业发生了比较大的变化，印前（Pre‑Press）电脑化开始普及。因为 Photoshop 2.0 增加了 CYMK 功能，所以印刷厂开始把分色任务交给用户，一个新的行业——桌上印刷（Desktop Publishing，DTP）由此产生。

Photoshop 2.0 的其他重要新功能包括支持 Adobe 公司的矢量编辑软件 Illustrator 文件、duotones（双色调工具）以及 Pen tool（笔工具）。其最低内存需求从 2MB 增加到 4MB，这对提高软件稳定性有非常大的影响。从这个版本开始，Adobe 公司内部开始使用代号，Photoshop 2.0 的代号是 Fast Eddy，在 1991 年 6 月正式发行。

在 Photoshop 2.0 之后，Adobe 公司决定开发支持 Windows 的版本，代号为 Brimstone，而 Mac 版本的代号为 Merlin。奇怪的是正式版本编号为 2.5，这和普通软件发行序号常规不同，因为小数点后的数字通常留给修改升级。这个版本增加了 Palettes（调色板）和 16‑bit 文件支持功能。2.5 版本的主要特性通常被公认为支持 Windows。

此时 Photoshop Mac 版本的主要竞争对手是 Fractal Design 公司的 ColorStudio，而 Windows 版本的主要竞争对手是 Aldus 公司的 PhotoStyler。Photoshop 从一开始就远远超过 ColorStudio，而 Windows 版本则经过一段时间的改进后才赶上对手。

Photoshop 3.0 的重要新功能是 Layer（图层），其 Mac 版本在 1994 年 9 月发行，而 Windows 版本在同年 11 月发行。尽管当时有另外一个软件 Live Picture 也支持 Layer 的概念，而且业界当时也有传言 Photoshop 工程师抄袭了 Live Picture 的概念。实际上 Thomas 很早就开始研究 Layer 的概念。

Photoshop 4.0 主要改进了用户界面。Adobe 公司此时决定把 Photoshop 的用户界面和其他 Adobe 产品统一化，此外程序使用流程也有所改变。一些老用户对此有抵触，甚至一些用户在网站上抗议，但经过一段时间的使用以后他们还是接受了新改变。

Adobe 公司这时意识到 Photoshop 的重要性，决定把 Photoshop 版权全部买断。

Photoshop 5.0 引入了 History（历史）的概念，这和一般的 Undo（还原）概念不同，在当时引起业界的欢呼。色彩管理也是 Photoshop 5.0 的一个新功能，尽管当时引起一些争议，此后被证明这是 Photoshop 历史上的一个重大改进。Photoshop 5.0 在 1998 年 5 月正式发行。一年之后 Adobe 公司又一次发行了 X.5 版本，这次是 Photoshop 5.5，主要增加了支持 Web 功能并包含 Image Ready 2.0。

在 2000 年 9 月发行的 Photoshop 6.0 主要提高了与其他 Adobe 工具交换的流畅性，但真正的重大改进要等到 Photoshop 7.0，这是 2002 年 3 月的事件。

在此之前，Photoshop 处理的图片绝大部分来自扫描，实际上 Photoshop 的大部分功能基本与从 20 世纪 90 年代末开始流行的数码相机没有什么关系。Photoshop 7.0 增加了 Healing Brush（修复画笔）等图片修改工具，还有一些基本的数码相机功能如 EXIF 数据、文件浏览器等。

Photoshop 在享受了巨大商业成功之后，在 21 世纪才开始感到其他软件的威胁，特别是专门处理数码相机原始文件的软件，包括各厂商提供的软件和其他竞争对手如 Phase One

（Capture One）。已经退居二线的 Thomas Knoll 亲自负责带领一个小组开发了 PS RAW（7.0）插件。

在其后的发展历程中 Photoshop 8.0 的官方版本号是 CS，Photoshop 9.0 的版本号变成 CS2，Photoshop 10.0 的版本号则变成 CS3。

CS 是 Adobe Creative Suite 中后面 2 个单词的缩写，代表"创作集合"，是一个统一的设计环境，它将全新版本的 Adobe Photoshop&reg CS2、Illustrator&reg CS2、InDesign&reg CS2、GoLive&regCS2 和 Acrobat&reg 7.0 Professional 软件与新的 Version Cue&reg CS2、Adobe Bridge 和 Adobe Stock Photos 软件相结合。

1.1.3　Photoshop 最新版本

Photoshop CS6 号称是 Adobe 公司历史上最大规模的一次产品升级，是集图像扫描、编辑修改、图像制作、广告创意、图像输入与输出于一体的图形图像处理软件，深受广大平面设计人员和电脑美术爱好者的喜爱。Photoshop CS6 是最先进和最流行的应用方案。

其主要功能如下。

（1）非破损编辑。使用新的智能滤镜（使用它可以可视化不同的图像效果）和智能对象（使用它可以缩放、旋转和变形格栅化图形和矢量图形）以非破损方式编辑，且不会更改原始像素数据。

（2）丰富的绘画和绘图工具组。使用各种专业级、完全可自定义的绘画设置、艺术画笔和绘图工具，创建或修改图像。

（3）使用"动画"调板轻松创建动画。使用新的"动画"调板从一系列图像（如时间系列数据）中创建一个动画，并将它导出为多种格式，包括 QuickTime、MPEG－4 和 Adobe Flash&reg、FLV。

（4）3D 复合和纹理编辑。轻松呈现丰富的 3D 内容并将其合并到 2D 复合图像中，甚至在 Photoshop Extended 内直接编辑 3D 模型上的现有纹理并立即看到结果。Photoshop Extended 支持常见的 3D 交换格式，包括 3DS、OBJ、U3D、KMZ 和 COLLADA，因此导入、查看大多数 3D 模型并与其交互。

（5）精确的选择工具可用于进行详细的编辑。利用各种工具进行详细的编辑，例如：松散地在要选择的图像区域上绘图，"快速选择"工具会自动完成选择，然后使用"调整边缘"工具预览并微调以获得更加简洁的结果。

（6）具有 3D 支持的增强的消失点。使用增强的消失点在多个表面（甚至以非 90°连接的表面）上进行透视编辑和透视测量；围绕多个平面折回图形、图像和文本；将 2D 平面输出为 3D 模型。

（7）2D 和 3D 测量工具。使用新的测量工具从图像中提取量化信息。轻松校准或设置图像的缩放比例，然后使用任意的 Photoshop Extended 选择工具来定义和计算距离、周长、面积和其他测量数据。在一个测量日志中记录数据点并将数据（包括直方图数据）导出到一个电子表格中以进一步分析。

（8）高级复合。通过自动对齐基于相似内容的多个 Photoshop 图层或图像，创建更加准确的复合图像。自动对齐图层命令快速分析详细信息并移动、旋转或变形图层以完美地对齐它们，而自动混合图层命令混合颜色和阴影来创建平滑的、可编辑的结果。

（9）使用 Adobe Bridge CS3 软件的更快的、更加灵活的资源管理。使用下一代 Adobe Bridge CS3 软件，可更加有效地组织和管理图像。该软件提供增强的性能、更易于搜索的"滤镜"面板、在单一缩略图下组合多个图像的能力、放大镜工具、脱机图像浏览功能等。

（10）更好的原始图像处理。使用 Photoshop Camera Raw 插件可以更快的速度和出色的转换质量处理原始图像，该插件增加了对 JPEG 和 TIFF 格式的支持；新工具包括 Fill Light 和 Dust Busting；与 Adobe Photoshop Lightroom 软件兼容；支持超过 150 种相机型号。

（11）第三方解决方案与资源。由有经验的 Photoshop 开发人员、设计者和培训人员组成的社区中有丰富的附加资源（包括软件插件、书籍和培训）。

1.2 Photoshop 的应用领域与主要功能特色

1.2.1 应用领域

Photoshop 主要用于图像、图形、文字、视频、出版等领域。

1.2.2 功能特色

从功能上看，Photoshop 可分为图像编辑、图像合成、校色调色及特效制作部分。图像编辑是图像处理的基础，可以对图像做各种变换如放大、缩小、旋转、倾斜、镜像、透视等，也可进行复制、去除斑点、修补、修饰图像的残损等。这在婚纱摄影、人像处理制作中有非常大的用途，如去除人像上不满意的部分，进行美化加工，得到让人满意的效果。

图像合成是将几幅图像通过图层操作、工具应用合成完整的、传达明确意义的图像，这是美术设计的必经之路。Photoshop 提供的绘图工具让外来图像与创意很好地融合。

校色调色是 Photoshop 深具威力的功能之一，可方便快捷地对图像的颜色进行明暗、色偏的调整和校正，也可在不同颜色间进行切换以满足图像在不同领域如网页设计、印刷、多媒体等方面的应用要求。

特效制作在 Photoshop 中主要由滤镜、通道及工具的综合应用实现，包括图像的特效创意和特效字的制作。油画、浮雕、石膏画、素描等常用的传统美术技巧都可由 Photoshop 特效完成。各种特效字的制作功能更是使很多美术设计师热衷于使用 Photoshop。

1.3　Photoshop 及其他矢量图形软件的区别与结合

位图图像和矢量图形的区别

计算机图形主要分为两类：位图图像和矢量图形。要了解 Photoshop 及其他矢量图形软件的区别就必须了解位图图像和矢量图形的区别。

位图图像在技术上称为栅格图像，它由网格上的点组成，这些点称为像素。在处理位图图像时，所编辑的是像素，而不是对象或形状。位图图像是连续色调图像（如照片或数字绘画作品）最常用的电子媒介，因为它们可以表现阴影和颜色的细微层次。

在屏幕上缩放位图图像时，它们可能丢失细节，因为位图图像与分辨率有关，它们包含固定数量的像素，每个像素都分配有特定的位置和颜色值。如果在打印位图图像时采用的分辨率过低，位图图像可能呈锯齿状，因为此时增加了每个像素的大小，如图 1 - 1 所示。

图 1 - 1　不同放大级别的位图图像示例

矢量图形由经过精确定义的直线和曲线组成，这些直线和曲线称为矢量。这意味着可以移动线条、调整线条大小或者更改线条的颜色，而不会降低矢量图形的品质。

矢量图形与分辨率无关，也就是说，可以将它们缩放到任意尺寸，可以按任意分辨率打印，而不会丢失细节或降低清晰度。因此，矢量图形最适合表现醒目的图形内容。这种图形内容（例如徽标）在缩放到不同大小时必须保持线条清晰，如图 1 - 2 所示。

图 1 - 2　不同放大级别的矢量图形示例

在 Photoshop 和 ImageReady 中使用这两种类型的图形。此外，Photoshop 文件既可以包含位图图像，又可以包含矢量图形。了解它们的差异，对创建、编辑和导入图片很有帮助。

1.4 其他常用平面设计软件介绍

在实际工作中，设计师常常会使用多种设计方式来创制图像画面。如果不了解常用的平面设计软件的功能与作用，就不可能在设计时有针对性地选择软件来对画面中的各项元素进行合理的处理。因此，了解常用的平面设计软件的主要功能与作用，可以大大节省平面设计师的工作时间，也有助于设计出丰富多彩的画面效果。

1. FreeHand

FreeHand 是 Macromedia 公司推出的一个基于矢量绘图的著名软件，具有强大的图形设计、排版和绘图功能。它操作简单、使用便捷，是平面设计师常用的图形软件之一。

FreeHand 原来仅应用于 Macintosh 平台，后来被移植到 Windows 平台。使用 FreeHand 能够画出纯线条的美术作品和光滑的工艺图。它使用 PostScript 语言对线条、形状和填充插图进行定义。FreeHand 一般常用于建筑物设计，产品设计，精密线条绘图，商业图形、图表设计等众多领域。FreeHand MX 2004 为该软件的最新版本。

2. CorelDRAW

由 Corel 公司出品的 CorelDRAW 也是世界一流的平面矢量图形制作软件。该软件具有强大的数据交换能力，不仅可以直接编辑、修改多种格式的图形图像文件，以及其他文字软件的格式文件，还可以导入其他图形图像处理软件处理过的图片，引入 Internet 对象和超文本，编辑修改后还可以多种格式导出或另存为其他格式文件，直接发送到 Internet 上。

最近推出的 CorelDRAW 12 还集成了 CorelPHOTO – PAINT 12、CorelCAPTURE 12 和 CorelTRACE 12 等软件。它既是一个大型的矢量图形制作软件，也是一个大型的软件包。CorelDRAW 12 的操作比以前的版本更加简便，图形图像的编辑处理功能更加强大，工作界面更加简洁。用户可以用它绘制、合成和编辑图形，进行文字处理等。

3. Illustrator

为了弥补 Photoshop 在矢量绘图方面的不足，Adobe 公司开发了图形处理软件 Illustrator。该软件不仅能处理矢量图形，还可以处理位图图像，被广泛应用于平面广告设计、网页图形制作、电子出版物和艺术图形创作等诸多领域。用户可以利用它快速、精确地绘制出各种形状复杂且色彩丰富的图形和文字效果。不仅如此，它还能够进行简单的文字排版处理，制作出极具感染力的图表等。使用 Illustrator 的 Web 功能，可以很轻松地设计出精美的网页图像；同时 Illustrator 还提供与 Adobe 公司的其他应用软件协调一致的工作环境，如与 Photoshop、PageMaker 一致的工作界面。新版本的 Illustrator CS 又在原有的图像功能上大幅增强了 Web 功能、3D 样式效果和打印功能，同时还加强了与其他图形图像软件及应用程序间的结合使用。因此，无论是媒体设计师还是网页设计师，Illustrator CS 都提供了完美的新功能，可以帮助用户把工作做得更快、更好。

4. PageMaker

PageMaker 是 Adobe 公司出品的跨平台的专业页面设计软件。在平面设计领域中 Page-Maker 是专业人士首选的组版软件，并深得设计师们的广泛赞许。这主要是因为 PageMaker

不仅拥有强大的图文处理功能，还能达到印刷行业对页面品质的严格要求。高质量的输出是桌面印刷软件所必须具备的特性。专业排版软件不但要能够调入和使用常用的文字和图像格式，更重要的是还要能够生成分辨率在 1 200 dpi 以上的页面或者生成分辨率在 100 dpi 以上的半色调加网图或分色片。PageMaker 是第一个能够胜任桌面印刷的排版软件。它使用 PostScript 页面描述语言，可以较完美地描述图形，生成高质量的输出文件。

众多平面设计软件可按各自功能的差别和特长进行分类，以便选择使用。

在矢量图形制作方面，推荐使用 Illustrator、CorelDRAW、FreeHand，而在图像画面处理和图像效果渲染方面当数 Photoshop 功能最强。桌面印刷排版首选 PageMaker。其他软件也有各自的特点，设计师可以灵活应用。

1.5　课后练习

1. 用自己的话概述 Photoshop 不同版本的特点和优势。

2. Photoshop 的应用领域与主要功能特色是什么？

3. 打开光盘"素材/第一章/练习"分别用 Photoshop 和 Illustrator 打开"位图 . jpg"（图 1 – 3）和"矢量图 . ai"（图 1 – 4），然后将两个图像逐步放大，观察两个图像的变化，并将其差别记录下来。

图 1 – 3　"位图 . jpg"　　　　　　图 1 – 4　"矢量图 . ai"

第2章　Photoshop 操作界面和基本工具

◎**要点难点分析**

要点：

（1）对 Photoshop 操作界面和基本工具进行初步了解，为后续学习奠定基础；

（2）熟悉 Photoshop 基本工具的使用方法，以及相应的快捷键；

（3）理解 Photoshop 操作界面布局及快捷键的内在规律，从而提高学习效率，夯实软件操作能力。

难点：

Photoshop 基本工具的使用方法。

难度：★★★

◎**学习目标**

（1）熟悉 Photoshop 操作界面；

（2）掌握 Photoshop 基本工具的使用方法。

2.1　Photoshop 操作界面

Photoshop 操作界面主要由标题栏、菜单栏、工具选项栏、工具箱、图像窗口、控制面板、状态栏、操作面板等组成，如图 2-1 所示。

1. 标题栏

双击标题栏可以将缩小的界面最大化；当界面已经是最大化时双击标题栏则将界面还原至原来的大小。在标题栏的右上角有 3 个按钮，分别是"最小化""最大化"和"关闭"按钮，单击相应按钮可对窗口进行相应的操作。

2. 菜单栏

菜单栏共包含 11 个主菜单，每个主菜单还包含各种相应的操作命令供用户选择使用。为了方便用户操作，各主菜单下的很多子菜单右边都有相应的快捷键显示，用户可以直接通过键盘快捷键来实现相应操作，从而提高工作效率。表 2 - 1 列举了常用菜单栏命令及简要说明。

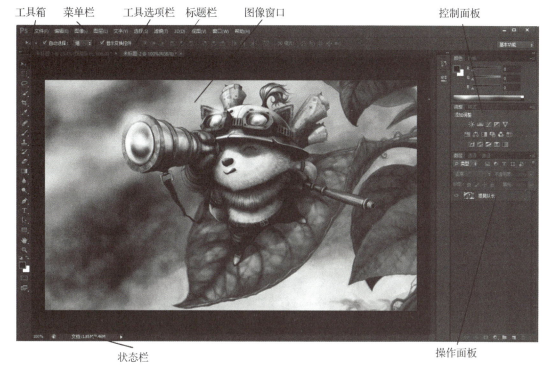

图 2 - 1　Photoshop 操作界面

表 2 - 1　常用菜单栏命令及简要说明

菜单	命令	功能
文件	新建	创建一个新文件
	打开	打开本机中已有的文件
	关闭	关闭当前正在操作的文件
	存储	命名、保存文件或直接保存文件的编辑、修改到原文件
	另存为	将当前的工作文件重新命名并进行存盘，在存盘的过程中可以将文件保存为其他格式，存盘后工作文件自动转换为另存为的文件，原文件自动关闭，且不保存修改操作
	打印	通过打印设备输出 Photoshop 中的图形
	退出	退出并关闭 Photoshop
编辑	还原	还原至状态改变前
	前进一步	恢复当前撤销的操作
	后退一步	返回上一步的操作

续表

菜单	命令	功能
编辑	渐隐	用于使进行填充的对象消褪颜色，进行不透明度和模式的设置
	剪切	将选择的对象移动到剪贴板中
	拷贝	为选择的对象创建一个副本，并放置到剪贴板中
	粘贴	将剪贴板中的对象移动要当前工作文件中
	填充	对图层或图层上的对象使用不同的内容、混合模式进行填充
	描边	对图层或图层上的对象进行描边
	自由变换	对对象进行缩放、旋转等自由变换
	变换	使用所提供的下级命令对对象进行缩放、旋转、扭曲等操作
	定义画笔预设	预设置画笔的样式
	定义图案	定义图案样式
	首选项	该命令包含了一系列的预置设定命令，可以通过这些命令对Photoshop进行预置设定，使其发挥强大的功能
图像	模式	使用下级命令对图像颜色模式进行转换
	调整	使用下级命令对图像颜色进行调整
	复制	复制当前对象为新的副本并在新的文件中显示
	应用图像	对原图像中的一个或多个通道进行编辑运算，然后将编辑后的效果应用于目标图像，从而创造出多种合成效果
	计算	对一个或多个图像中的若干个通道进行合成计算，以不同的方式进行混合，得到新的图像或新的通道
	图像大小	查看、改变图像像素大小/文档大小
	画布大小	查看、改变画布大小值
	图像旋转	旋转画布的角度
	裁切	确定选区后，用裁切命令对图像进行裁切
图层	新建	使用下级命令可新建图层、背景图层等
	复制图层	对当前图层进行复制，产生一个当前图层的副本
	删除	激活所要删除的图层并进行删除
	图层样式	改变图层的样式，使图层产生投影、发光等效果
	新填充图层	一种带蒙版的图层，其内容可以为纯色、渐变色或图案
	新调整图层	可以将色阶等效果单独放在一个图层中，而不改变原图像
	图层蒙版	显示、隐藏、应用与删除图层蒙版

续表

菜单	命令	功能
图层	矢量蒙版	显示、隐藏、应用与删除矢量蒙版
	创建剪贴蒙版	根据剪贴板的内容创建图层蒙版
	栅格化	对文字、形状、填充内容等进行栅格化处理
	排列	调整图层的位置
	向下合并	将当前激活图层和它的下一层进行合并
	合并可见图层	对所有可见图层进行合并
文字	面板	可以弹出字符面板、段落面板、字符样式面板和段落样式面板
	取消锯齿	设置文字是犀利、锐利、浑厚还是平滑
	取向	控制文字出现的方向是水平还是垂直
	Opentype	设置 Opentype 字体
	创建工作路径	根据文字创建路径
	转换为形状	将文字转换为形状
	栅格化文字图层	将文字图层转换为图像
	文字变形	对文字进行变形调整
选择	全部	将图像全部选中
	取消选择	取消已选取的区域
	重新选择	恢复上一步进行的选择操作
	反向	将当前范围反转
	色彩范围	对图像中的相似颜色进行选取，并对图像作相应处理
	修改	以 4 种不同的方式修改选区
	扩大选取	在现有选区的基础上，将所有符合"魔棒"选项中指定的容差范围的相邻像素添加到现有选区中
	选取相似	在现有选区的基础上，将所有符合容差范围的像素（不一定相邻）添加到现有选区中
	变换选区	对选区进行缩放和旋转的操作
	载入选区	将所有存储的选区载入当前图像，如果通道控制面板中有多个 Alpha 通道，可自由选择所要载入的对象
滤镜	上次滤镜操作	使图像重复上一次所使用的滤镜
	滤镜库	打开"滤镜库"面板，在该面板中可以方便地调用各种滤镜
	自适应广角	用来校正广角镜头畸变，找回由于拍摄时相机倾斜或仰俯而丢失的平面
	镜头校正	修饰使用镜头广角端拍摄给画面四周带来严重的暗角

菜单	命令	功能
滤镜	消失点	构建一种平面的空间模型,让平面变换更加精确,主要应用于多余图像消除、空间平面变换、复杂几何贴图等场合
	液化	使图像产生各种各样的扭曲变形效果
	图案生成器	快速地将选区的图像范围生成平铺图案效果
	像素化	使图像产生分块,呈现出一种由单元格组成的效果
	扭曲	使图像产生多种样式的扭曲变形效果
	杂色	在图像中按照一定的方式混合入杂点,制作着色像素图案的纹理
	模糊	使图像产生模糊效果
	渲染	改变图像的光感效果,可以模拟在图像场景中放置不同的灯光,产生不同的光源效果、夜景等
	视频	是 Photoshop 的外部接口命令,用来从摄像机输入图像或将图像输出到录像带上
	锐化	增加图像中相邻像素点之间的对比,使图像更加清晰化
	风格化	使图像产生各种印象派及其他风格的画面效果
	其他	设定和创建自己需要的特殊效果滤镜
	Digimarc	为作品加上标记,对作品进行保护
3D	从 3D 文件新建图层	通过"打开"对话框将选定的 3D 文件新建为当前文件图层
	导出 3D 图层	通过"另存为"对话框将 3D 对象导出为 3D 格式的文件
	从所选图层新建 3D 凸出	以所选图层为基准,创建 3D 模型
	从所选路径新建 3D 凸出	以路径中的图像为基准,创建 3D 模型
	从图层新建网格	基于当前图层新建网格
	添加约束的光源	对 3D 对象添加地光源效果
	显示/隐藏多边形	隐藏 3D 对象中封闭的多边形,显示未封闭对象
	将对象紧贴地面	将 3D 对象紧贴到地平面
	拆分凸出	对 3D 对象进行拆分
	合并 3D 图层	合并当前 3D 图层
	从图层新建拼贴绘画	将图像创建为有拼贴绘画效果的 3D 对象
	绘画衰减	通过"3D 绘画衰减"对话框定义 3D 绘画效果的衰减程度
	在目标纹理上绘画	在 3D 对象的纹理上进行绘画

菜单	命令	功能
3D	重新参数化 UV	对 3D 对象重新参数化后，当前应用的贴图将发生变化
	创建绘图叠加	创建 3D 对象的绘图叠加方式
	选择可绘画区域	将可绘画 3D 区域作为选区载入
	从 3D 图层 生成工作路径	基于当前创建的 3D 图像生成工作路径
	使用当前画笔素描	对 3D 对象的效果使用画笔进行素描
	渲染	对 3D 对象的渲染参数进行重新设置，改变渲染效果
视图	放大	使图像显示比例增大
	缩小	使图像显示比例减小
	按屏幕大小缩放	使图像以画布窗口大小显示
	实际像素	使图像以 100% 比例显示
	打印尺寸	使图像以实际的打印尺寸显示
	屏幕显示	以 3 种不同的模式显示图像
	显示额外内容	在画布中显示额外内容
	显示	在画布窗口中选择显示的对象
	标尺	在画布窗口内的上边和左边显示标尺
	锁定参考线	可锁定参考线，锁定的参考线不能移动
	清除参考线	可清除所有参考线
	新参考线	新建参考线并进行新参考线取向与位置的设置
	锁定切片	对切片进行锁定
	清除切片	清除划分好的切片
窗口	排列	对所有打开的窗口进行排列
	工作区	对工作区进行存储、删除和调板位置的复位
	导航器	打开或关闭导航器窗口
	工具	打开或关闭工具箱面板
	历史记录	打开或关闭历史记录面板
	图层	打开或关闭图层面板
	选项	打开或关闭工具选项栏
	颜色	打开或关闭颜色面板
	状态栏	打开或关闭状态栏
帮助	Photoshop 帮助	可查找关于软件、工具等的使用说明

3. 工具选项栏

工具选项栏会根据用户选择的工具而变化，通常每种工具的参数各不相同，要查看工具的参数，可用单击选中的工具，在工具选项栏处即可显示相关的参数信息，图2-2所示的是选择"画笔工具"时显示的工具选项栏。

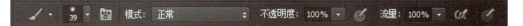

图2-2　选择"画笔工具"时的工具选项栏

4. 工具箱

工具箱中存放着用于创建和编辑图像的40多种工具，如图2-3所示。可通过单击工具图标或按快捷键来使用工具。如果图标的右下角带有一个小三角形按钮，则表示该工具包含一个工具组，用鼠标按住该按钮不放或用鼠标右击该工具即可弹出工具组（图2-4）。若在工具按钮上停留片刻，则会出现该工具提示信息。提示信息括号里的字母表示该工具的快捷键（图2-5）。例如按键盘上的H键，即选择"抓手工具"。

图2-3　工具箱　　　　　图2-4　显示工具组　　　　　图2-5　工具快捷键

5. 图像窗口

图像窗口用于显示已经打开的或创建的图像，更重要的是可以在该窗口中对图像进行编辑和处理，该窗口的标题栏从左到右分别显示的是控制窗口、图像文件名、图像格式、窗口显示比例、图层名称、颜色模式，如图 2－6 所示。

图 2－6　图像窗口

6. 状态栏

状态栏主要用于显示当前打开图像的各种信息，或在选中工具后提示用户的相关操作信息，如图 2－7 所示。

图像窗口的　　　　图像文件信息，包括　　　　当前的工作状态及用户
显示比例　　　　　文件大小、图像尺寸、　　　操作时的提示信息
　　　　　　　　　分辨率等

图 2－7　状态栏

单击状态栏上三角形按钮，可以弹出显示清单（图 2－8），用户可以勾选需要显示在状态栏中的项目。

（1）文档大小：显示所编辑图像文件的大小。

（2）文档配置文件：显示当前所编辑图像为何模式，如 RGB 颜色、CMYK 颜色、Lab 颜色等。

> ✔ 文档大小
> 文档配置文件
> 文档尺寸
> 暂存盘大小
> 效率
> 计时
> 当前工具

图 2－8　显示清单

（3）文档尺寸：显示当前所编辑图像尺寸。

（4）暂存盘大小：显示当前所编辑图像的挂网情况与可用的内存大小。

（5）效率：显示当前编辑图像的存取内存时间与所使用硬盘上的虚拟内存空间的比值。如果该比值越来越小，就表示应该多配置一点内存给 Photoshop，可以关闭几张暂时不处理的图像，或关闭其他应用程序，以释放内存空间。

（6）计时：显示用户刚才最后一个操作所花费的时间。

（7）当前工具：显示当前正在使用工具的名称。

单击状态栏左侧，弹出打印预览窗口，该窗口将显示图像尺寸和打印纸尺寸的关系。其中两条对角线的矩形区域表示图像区域，灰色图像窗口内为打印纸张的大小。按住 Alt 键再单击状态栏左侧，则弹出显示图像宽度、高度、通道数目、分辨率等信息的下拉菜单，如图 2 -9 所示。

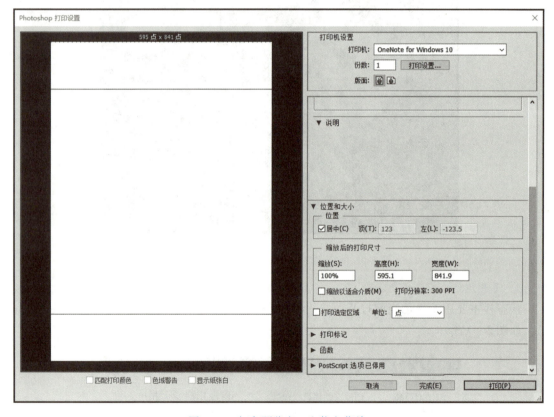

图 2 - 9　打印预览窗口和信息菜单

7. 面板

面板帮助用户监视和修改图像，在默认情况下，面板以组的方式堆叠在一起。默认情况下打开的主要有图 2 -10 所示的几个面板，若要打开其他隐藏的面板，有以下两种方法。

（1）在打开的面板组中，单击所选面板的标签。

（2）在"窗口"菜单栏下选择需要显示的面板项。

要控制显示或隐藏面板组可使用下列两种方法。

图 2 - 10　面板

（1）反复按 Tab 键，可以控制显示或隐藏面板组及工具箱。

（2）反复按 "Shift + Tab" 组合键，可以控制显示或隐藏面板组。

每个面板组右上角都有一个三角形图标，单击它可以打开面板菜单，从而调整面板选项。通过拖拽面板组右下角边框，可以改变面板组的大小。

2.2　Photoshop 基本工具及其使用案例

在学习了 Photoshop 操作界面后，接下来详细介绍 Photoshop 的工具箱。工具箱是 Photoshop 的核心组件之一，其中集齐了创建各种图形和制作各种效果的常用工具，要学好 Photoshop，就必须掌握工具的使用方法和技巧。关于每组工具中包含的同类型工具的使用，将一一进行讲解，工具箱如图 2 - 11 所示，展开工具组后的各个工具如图 2 - 12 所示。工具箱中的工具及其功能介绍见表 2 - 2。

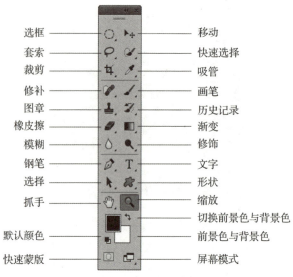

选框 ——— 移动
套索 ——— 快速选择
裁剪 ——— 吸管
修补 ——— 画笔
图章 ——— 历史记录
橡皮擦 ——— 渐变
模糊 ——— 修饰
钢笔 ——— 文字
选择 ——— 形状
抓手 ——— 缩放
——— 切换前景色与背景色
默认颜色 ——— 前景色与背景色
快速蒙版 ——— 屏幕模式

图 2 – 11　工具箱

矩形选框工具 M
椭圆选框工具 M
单行选框工具
单列选框工具

套索工具 L
多边形套索工具 L
磁性套索工具 L

污点修复画笔工具 J
修复画笔工具 J
修补工具 J
内容感知移动工具 J
红眼工具 J

仿制图章工具 S
图案图章工具 S

历史记录画笔工具 Y
历史记录艺术画笔工具 Y

渐变工具 G
油漆桶工具 G
3D 材质拖放工具 G

模糊工具
锐化工具
涂抹工具

钢笔工具 P
自由钢笔工具 P
添加锚点工具
删除锚点工具
转换点工具

路径选择工具 A
直接选择工具 A

抓手工具 H
旋转视图工具 R

快速选择工具 W
魔棒工具 W

裁剪工具 C
透视裁剪工具 C
切片工具 C
切片选择工具 C

吸管工具 I
3D 材质吸管工具 I
颜色取样器工具 I
标尺工具 I
注释工具 I
1₂³ 计数工具 I

画笔工具 B
铅笔工具 B
颜色替换工具 B
混合器画笔工具 B

橡皮擦工具 E
背景橡皮擦工具 E
魔术橡皮擦工具 E

减淡工具 O
加深工具 O
海绵工具 O

横排文字工具 T
直排文字工具 T
横排文字蒙版工具 T
直排文字蒙版工具 T

矩形工具 U
圆角矩形工具 U
椭圆工具 U
多边形工具 U
直线工具 U
自定形状工具 U

图 2 – 12　工具组展开示意

表 2 – 2　工具箱中的工具及其功能介绍

移动工具 ✥	用于移动选取区域内的图像
选框工具 ■ ⬚ 矩形选框工具　M ○ 椭圆选框工具　M ⚌⚌ 单行选框工具 ⬚ 单列选框工具	矩形选框工具 ⬚：用于选取规则范围内的图像时最常用的工具，可以选定一个一定长宽比的矩形范围
	椭圆选框工具 ○：用于选取圆形或椭圆形选区。若选取范围为正方形（或正圆），可以选择矩形选框工具，在拖动鼠标的同时按住 Shift 键
	单行、单列选框工具 ⚌⚌ ⬚：常用于对齐图像或描边
	选框工具的选项基本相同，如下。 （1）选区 ⬚ ⬚ ⬚ ⬚。 　主要对选区范围进行设置。从左到右依次为新选区、添加到选区、从选区中减去、与选区交叉。新选区：可选取新的范围，通常此项为默认状态。添加到选区：可以合并新选区和旧选区为一个选取范围。从选区中减去：分为两种情况，若新选区和旧选区无重叠部分，则选区无变化；若两者有重叠部分，则新生成的选区将减去两区域中的重叠部分。与选区交叉：产生一个包含新选区的重叠区域的选区。 （2）羽化 羽化:0像素 □消除锯齿。 　羽化：设置该功能会在选取范围的边缘产生渐变的柔和效果，取值范围为 0 ~ 250 像素。消除锯齿：选中该项后，对选区范围内的图像作处理时，可使边缘较为平滑（只有椭圆选框工具具有消除锯齿的选项）。 （3）样式 样式:正常 宽度: 高度:。 　样式：该选项用来设置矩形、椭圆选区范围的长宽比，有三个选项，即正常、固定长宽比、固定大小
	使用技巧： 按住 Alt 键并拖动鼠标，将以鼠标开始点为中心进行选择； 按住 Shift 键并拖动鼠标进行选取，可以将选择区域增加到原来的选区； 按住 Alt 键并在原来选区拖动鼠标，可以从原来选区减去选择区域； 按"Shift + Alt"组合键进行选取，可以将新选区与原来选区的相交区域作为最终选择得到的选区； 按"Ctrl + Alt"组合键拖动一个选区，可以把该选区的图像复制到新的位置； 按 Space 键，鼠标指针将变成抓手工具，这时可以用它来移动图像
套索工具 ■ ○ 套索工具　L ✑ 多边形套索工具　L ✒ 磁性套索工具　L	套索工具 ○：自由手绘选取工具，只需按住鼠标左键拖动鼠标，沿着需要选取范围的边缘绘制。松开鼠标选区自动闭合
	多边形套索工具 ✑：用于在图像上绘制任意形状的多边形选区
	磁性套索工具 ✒：主要用于精确图像的选取。根据选取范围在指定宽度内的不同像素值的对比来确定选区

续表

移动工具	用于移动选取区域内的图像
套索工具  ■ ○ 套索工具　L 　∨ 多边形套索工具　L 　⫟ 磁性套索工具　L	磁性套索工具选项（与选框工具相同的参数不再重复）如下。 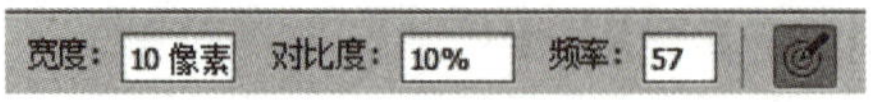 宽度：10 像素　对比度：10%　频率：57 　　宽度：拖动鼠标时指定探测的边缘宽度，取值范围为 0～40 像素，值越小检测越精确。 　　对比度：所输入的数值决定绘制路径时搜索边缘的对比度值，取值范围为 0%～100%，值越大选取范围越精确。 　　频率：设置鼠标拖动时同时放置的定点数，取值范围为 0～100，值越大边缘产生的定点数越多。 　　钢笔压力：只在系统安装了绘图板后才起作用，用于设置绘图笔的钢笔压力
魔棒工具/快速选择工具  ■ ○✎ 快速选择工具　W 　✎ 魔棒工具　　W	快速选择工具：通过调整画笔的笔触、硬度和间距等参数而快速通过单击或拖动创建选区。 　　选项栏为  ，依次是新选区、添加到选区、从选区减去。没有选区时，默认的选择方式是新建；选区建立后，自动改为添加到选区；按住 Alt 键，选择方式变为从选区减去。□对所有图层取样：当图像中含有多个图层时，该选项被选中后将对所有可见图层的图像起作用，该选项没有被选中时，只对当前图层起作用。 　　□自动增强：可减少选区边界的粗糙度和块效应（一般应勾选此项）
	魔棒工具：对相同或相近颜色的区域进行选取。选项为  取样大小：取样点　容差：5　☑消除锯齿　☑连续　□对所有图层取样 　　容差：确定选取时颜色比较的容差值，取值范围在 0～255 像素，值越小，选取范围的颜色越接近，相应的选取范围也越小。 　　连续：选中此选项，则只检测单击处邻近区域，如果不选中此选项，则在容差范围内的像素检测会遍及整幅图片。 　　对所有图层取样：选中此选项，对所有图层均起作用，即可以选取所有层中相近的颜色区域
裁切工具 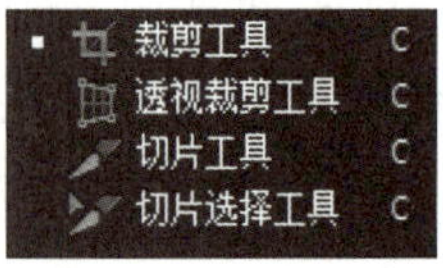 ■ ⫟ 裁剪工具　　　C 　⫟ 透视裁剪工具　C 　⟋ 切片工具　　　C 　⟋ 切片选择工具　C	裁剪工具：可将选中区域的以外的图像裁切，并可以根据需要在切除时重设图像的大小和图像的分辨率，如下图所示 

续表

移动工具 	用于移动选取区域内的图像
裁切工具 	在确定选择区域后，双击鼠标就可以切除其他部分，得到最终裁切效果，如下图所示  透视裁剪工具 ⊞：可以在裁剪的同时方便地矫正图像的透视错误，即对倾斜的图片进行矫正，可以纠正相机或者摄影机角度问题造成的畸变 裁剪工具选项如下。 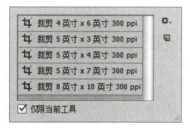 ⊞ ▾：可以打开下图所示工具预设选取器。 裁剪输入框 ▭ x ▭：可以自由设置裁剪的长宽比。 拉直：可以矫正倾斜的照片。在图层上拉一条斜线，放开鼠标。 其他裁剪选项：可以设置裁剪的显示区域，以及裁剪屏蔽的颜色、不透明度等，如下图所示。 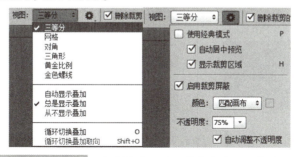 ☑ 删除裁剪的像素：选中该选项后，裁剪完毕的图像将不可更改；不选中该选项，即使裁剪完毕后选择裁剪工具单击图像区域仍可显示裁切前的状态，并且可以重新调整裁剪框

21

移动工具 ▸╂	用于移动选取区域内的图像
裁切工具 ■ ☐ 裁剪工具　　　C 　 ☐ 透视裁剪工具　C 　 ✎ 切片工具　　　C 　 ✎ 切片选择工具　C	透视裁剪工具选项如下。 W:[ ]　↔ H:[ ]　分辨率:[ ]　像素/英寸 ▾　前面的图像　清除　☑显示网格 　参数输入框：在框中可以输入需要的尺寸。 　单位：单击该按钮可以设置裁剪后图像的单位。 　前面的图像：单击该按钮可以使裁剪后的图像与之前打开的图像大小相同。 　清除：单击该按钮可以清除输入框中的数值。 　显示网格：选中该选项，则显示裁剪框的网格；不选中该选项，则仅显示外框线 <hr> 　切片工具 ✎ ：用于将图片分割成为多个部分，这样在用户访问该网页文件时，访问速度可以得到很大的提高，如下图所示 （图） <hr> 　切片选择工具 ✎ ：用于编辑切片和调整切片的次序，并可以为切片添加超级链接
图像修改、修复工具 ■ ✎ 污点修复画笔工具　J 　 ✎ 修复画笔工具　　J 　 ⊕ 修补工具　　　　J 　 ✕ 内容感知移动工具　J 　 ╋ 红眼工具　　　　J	污点修复画笔工具 ✎ ：自动将需要修复区域的纹理、光照、透明度和阴影等元素与图像自身进行匹配，快速修复污点 <hr> 　污点修复画笔工具选项如下。 ✎ ▾	● 19 ▾	模式: 正常 ▾	类型: ○近似匹配 ○创建纹理 ◉内容识别 □对所有图层取样 ✎ ● 19 ▾ ：可以调整画笔的大小、硬度等。 模式: 正常 ▾ ：选择所需的修复模式。 类型: ○近似匹配 ○创建纹理 ◉内容识别 ：设置画笔修复图像区域后的类型。选择"创建纹理"选项，在图像上单击并拖动鼠标，这时该工具将自动使用覆盖区域中的所有像素创建一个用于修复该区域的纹理。 □对所有图层取样 ：选择取样范围，选中该选项，可以从所有可见图层中提取信息。不选中该选项，则只能从现用图层中取样

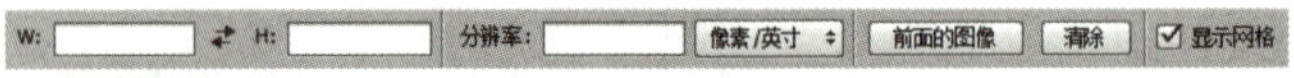

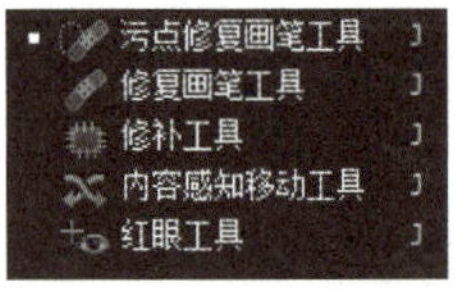

续表

移动工具	用于移动选取区域内的图像
图像修改、修复工具 	修复画笔工具 ：用于修复图像的瑕疵。可以结合 Alt 键使用。将"源"像素的纹理、光照、透明度和阴影与目标区域进行融合，从而使修复后的像素不留痕迹地融入图像的其余部分，如下图所示   使用前　　　　　使用后
	修复画笔工具选项如下。 模式：单击右侧扩展按钮可选择复制像素或填充图案与底图的混合模式。 源：修复像素的源。"取样"可以使用当前图像的像素，而"图案"可以使用某个图案的像素。如果选中"图案"选项，则可从"图案"弹出式调板中选择图案。 对齐：选中该选项，会对像素连续取样，而不会丢失当前的取样点，即使松开鼠标也是如此。如果不选中该选项，则会在每次取样后停止并重新使用开始绘画时初始取样点中的样本像素
	修补工具 ：使用其他区域或图案中的像素的纹理、光照和阴影与目标区域进行区别来修复选中的区域，对图像进行区域性的修复，如下图所示   使用前　　　　　使用后
	修补工具选项如下 源：选中该选项后，在图像中拖移以选择想要修复的区域。 目标：选中该选项后，在图像中拖移，选择要从中取样的区域

续表

移动工具	用于移动选取区域内的图像
图像修改、修复工具 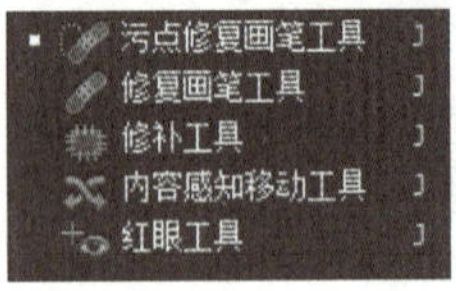 ■ 污点修复画笔工具 J 修复画笔工具 J 修补工具 J 内容感知移动工具 J 红眼工具 J	内容感知移动工具：通过此工具，可以选择图像场景中的某个物体，然后将其移动到图像中的任何位置，经过 Photoshop 的计算，完成极其真实的合成效果
	红眼工具：专门用来消除人物眼睛因灯光或闪光灯照射后瞳孔产生的红点、白点等反射光点，如下图所示 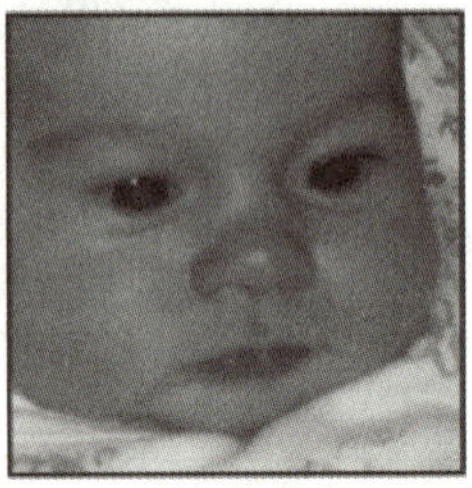 使用前 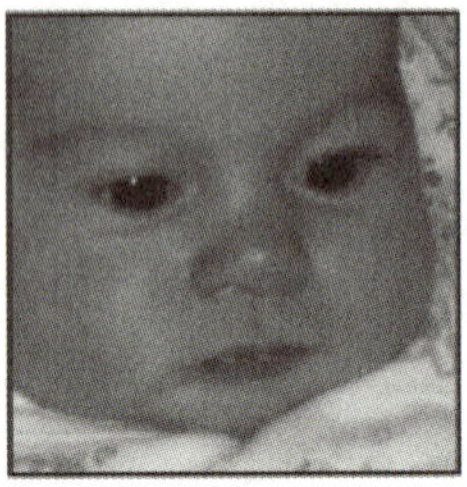　　　　　　　　　使用后
	红眼工具选项如下。  瞳孔大小：此选项用于设置修复瞳孔范围的大小。 "变暗量"：此选项用于设置修复范围的颜色的亮度
画笔工具 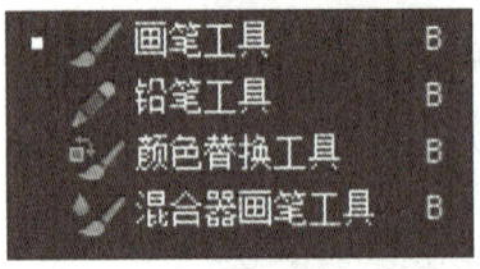 ■ 画笔工具 B 铅笔工具 B 颜色替换工具 B 混合器画笔工具 B	画笔工具：绘制比较柔和的线条，类似用毛笔画出的线条。该工具一般用于绘制特定图形
	画笔工具选项如下。  切换画笔面板：可以弹出"画笔"和"画笔预设"面板，相关介绍如下。 画笔预设：铅笔工具、画笔工具都可使用"画笔预设"面板。使用"画笔预设"面板可以绘制出各种各样的图形，如下图所示。 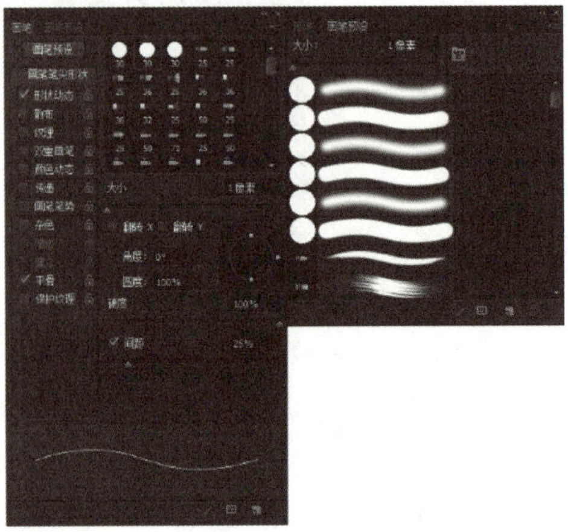

移动工具	用于移动选取区域内的图像
画笔工具 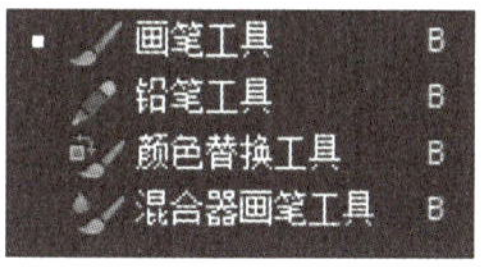	"画笔预设"面板 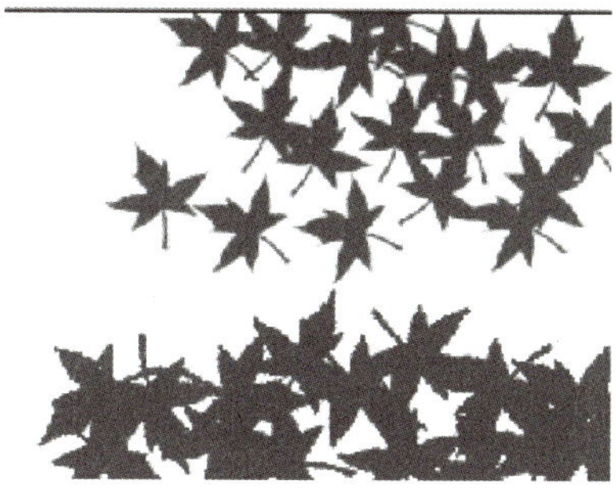 （图中上面部分使用"画笔工具"绘制，下面部分使用"铅笔工具"绘制） **不透明度**：用于设置画笔颜色的透明度，取值范围为 0%～100%。 **流量**：用于设置图像颜色的浓淡，根据选框内颜色流量百分比确定描绘出的笔画颜色减淡或加深。  **模式**：在"模式"后面的弹出式菜单中可选择不同的混合模式，即画笔的色彩与下面图像的混合模式；可根据需要从中选取一种着色模式。  **不透明度**：可设定画笔的不透明度，该选项用于设置画笔颜色的透明程度，取值范围为 0%～100%，取值越大，画笔颜色的不透明度越高，取 0% 时，画笔是透明的。按小键盘中的数字键可以调整不透明度。按 1 键时，不透明度为 10%；按 5 键时，不透明度为 50%；按 0 键时，不透明度恢复为 100%。 **绘图板压力控制不透明度**：覆盖画笔面板设置。   **流量**：此选项设置与不透明度有些类似，指画笔颜色的喷出浓度，其不同之处在于不透明度是指整体颜色的浓度，而流量是指画笔颜色的浓度 **铅笔工具**：绘制的线条棱角分明，一般用于绘制硬边的线条  铅笔工具选项如下（与画笔工具选项相同的部分不做介绍）。  **自动抹除**：选中该选项后，在绘制时，如果绘制起点处的颜色和工具箱中前景色一致，此时"铅笔工具"具有橡皮的功能，会将前景色擦除而填充工具箱中设置的背景色

画笔工具
- 画笔工具　B
- 铅笔工具　B
- 颜色替换工具　B
- 混合器画笔工具　B

移动工具	用于移动选取区域内的图像
画笔工具 ■ 画笔工具　　　B 　铅笔工具　　　B 　颜色替换工具　B 　混合器画笔工具　B	使用技巧： 如果画笔停在一个地方，可实现画笔的不断叠加，其颜色会不断加深。 如果要产生水平或垂直的画笔效果，在图像编辑区域单击，确定起点，然后按住 Shift 键，同时用鼠标在另一处单击，两个单击点之间就会形成一条直线
	颜色替换工具 ：使用校正颜色在目标颜色上绘制，从而替换目标颜色，用来校正图像中较小区域颜色的图像
	混合器画笔工具 ：可以绘制出逼真的手绘效果，是较为专业的绘画工具
	混合器画笔工具选项如下。 潮湿：80%　载入：75%　混合：90%　流量：100% ：显示前景色，点击右侧下拉按钮可以载入画笔、清理画笔、只载入纯色。 ：每次描边后载入画笔。 ：每次描边后清理画笔；"每次描边后载入画笔"和"每次描边后清理画笔"两个按钮，控制每一笔涂抹结束后对画笔是否更新和清理，类似于画家在绘画时一笔画过后是否将画笔在水中清洗。 混合画笔组合 干燥，浅描 ：提供多种为用户提前设定的画笔组合类型，包括干燥、湿润、潮湿和非常潮湿等。在"有用的混合画笔组合"下拉列表中有预先设置好的混合画笔。当选择某一种混合画笔时，右边的 4 个选择数值会自动改变为预设值。 潮湿：0% ：设置从画布拾取的油彩量，就像是给颜料加水，设置的值越大，画在画布上的色彩越淡。 载入：5% ：设置画笔上的油彩量。 混合： ：用于设置多种颜色的混合，当潮湿值为 0% 时，该选项不能用
图章工具 ■ 仿制图章工具　S 　图案图章工具　S	仿制图章工具 ：按住"Alt 键"在图像中的某一处单击获得"源"，然后根据鼠标涂抹的移动将所获得的"源"复制到新的位置，如下图所示 使用前　　　　　　　　　使用后

移动工具	用于移动选取区域内的图像
图章工具 · ⚒ 仿制图章工具　　S 　⚒ 图案图章工具　　S	图案图章工具：将图案预设中的图案复制到当前图案中
	图章工具选项如下。  画笔：在下列列表中可选择任意一种画笔样式并可对选择的画笔样式进行编辑。 模式：设置复制生成图像与底图的混合模式，还可设置其不透明度、扩散速度和喷枪效果。 对齐：选中选项，则一次拖拉中只能复制产生一个源图像。 用于所有图层：对所有可见图层都起作用
历史画笔工具 · ✎ 历史记录画笔工具　　　Y 　✎ 历史记录艺术画笔工具　Y	历史记录画笔工具：用于对图像的编辑和修改，它可以和"历史记录"面板结合使用。"历史记录画笔工具"的效果类似于"画笔工具"的笔刷修改或恢复"历史记录"面板中记载有效操作步骤的效果
	历史记录艺术画笔工具：与"历史记录画笔工具"的原理相同，只不过"历史记录艺术画笔工具"在修改和恢复图像时使用了各种艺术笔刷和风格，如下图所示  原图 　　　　　　　使用仿制图章工具  使用历史记录画笔工具 　　使用历史记录艺术画笔工具

移动工具	用于移动选取区域内的图像
历史画笔工具 • 历史记录画笔工具　　Y 　历史记录艺术画笔工具　Y	历史记录画笔工具选项如下。 模式：正常　不透明度：100%　样式：绷紧短　区域：50像素　容差：0% 样式：在此下拉列表中可以选择一种绘图样式。 区域：用于设置绘图所覆盖的像素范围。该数值越大，画笔所覆盖的像素范围就越大，反之就越小。 容差：用于设置绘图时所应用的像素范围。若设置一个较小的值，则可以在图像的任何区域绘制时不受限制；若设置一个较大的值，则在与历史记录状态或快照图像的色调相差较大的区域中绘制时将受限制
橡皮擦工具 • 橡皮擦工具　　　E 　背景橡皮擦工具　E 　魔术橡皮擦工具　E	橡皮擦工具：将当前图像或选区中的图像擦除。如果该工具作用于"背景"图层，那么在擦除的同时将对背景色进行填充 背景橡皮擦工具：擦除图层上指定颜色的像素，并以透明色代替被擦除的区域，指定颜色的像素由鼠标的圆心单击图像所得 魔术棒橡皮擦工具：擦除与鼠标单击处颜色相同与相近区域的图像，同时把擦除的区域变成透明 橡皮擦工具选项如下。 模式：画笔　不透明度：100%　流量：100%　☐抹到历史记录 模式：画笔、铅笔和块。选择"画笔"和"铅笔"选项时的用法和"铅笔工具"相似；选择"块"选项时，鼠标指针变成一个方形的橡皮擦。 抹到历史记录：将图像恢复到操作过程中的任意一个状态或历史快照 背景橡皮擦工具选项如下。 限制：连续　容差：50%　☐保护前景色 限制："不连续"，擦除图像中所有具有取样颜色的像素；"邻近"，擦除图像中具有取样颜色的像素（要求这些部分是与光标相连的）；"查找边缘"，在擦除与光标相连区域的同时，保留图像中物体锐利的边缘。 保护前景色：用于防止具有前景色的图像区域被擦除。 取样："连续"，擦除图层中彼此相连但颜色不同的部分；"一次"，只对单击时光标下的图像颜色取样，可擦除图像中具有相似颜色的部分；"背景色板"，将背景色作为取样颜色，可擦除图像中背景色相似或相同的颜色区域

续表

移动工具	用于移动选取区域内的图像
	渐变工具 ▦：使用多种颜色的逐渐混合进行填充，可以从渐变预设中选择渐变颜色，也可自己设定渐变颜色
	油漆桶工具 ♨：用于将某一种颜色或图案填充到图像或选区内，填充时只对单击处图像颜色相近的区域进行填充
填充工具 ▪ ▦ 渐变工具　　G 　♨ 油漆桶工具　G 　3D 材质拖放工具　G	渐变工具选项栏如下。 　用于选择不同的颜色渐变模式，单击右侧按钮打开下拉列表，其中有 15 种颜色渐变模式供用户选择。单击该图标，打开"渐变编辑器"对话框，在"渐变编辑器"对话框中可实现自定义的渐变模式设置。 ■ ▪ ◣ ▬ ◾：选择各种渐变模式。 反色：产生的渐变颜色与设置的颜色渐变顺序反向。 仿色：用递色法来表示中间色调，使颜色渐变更加平滑。 透明区域：产生不同颜色段的透明效果，在需要使用透明蒙版时选择此选项

移动工具	用于移动选取区域内的图像
	模糊工具 ：使图像产生模糊的效果，降低图像相邻像素之间的对比度，使图像的边界区域变得柔和，如下图所示   模糊前　　　　　　　　　模糊后
渲染工具 ■ ◌ 模糊工具 　△ 锐化工具 　◎ 涂抹工具	锐化工具 ：与"模糊工具"相反，它能使图像产生清晰的效果，其原理是通过增大图像相邻像素之间的反差，从而使图像看起来更加清晰，如下图所示。该工具过度使用会使图像产生严重失真   锐化前　　　　　　　　　锐化后
	涂抹工具 ：模拟手指涂抹时的油墨效果。它将鼠标指针起始处的像素颜色提取出来，再将其与鼠标拖过的地方的颜色融合，从而达到混合油墨的效果，如下图所示   涂抹前　　　　　　　　　涂抹后

续表

移动工具	用于移动选取区域内的图像
渲染工具 ■ 模糊工具 　锐化工具 　涂抹工具	模糊工具选项如下。 模式：正常　　　　强度：50%　　□ 对所有图层取样 强度：设置"模糊工具"着色的力度，其取值范围为0%～100% 涂抹工具选项如下。 模式：正常　　　　强度：50%　　□ 对所有图层取样　□ 手指绘画 手指绘画：选中该选项，每次拖动鼠标绘制的时候就会使用工具箱中的前景色
颜色调和工具 ■ 减淡工具　○ 　加深工具　○ 　海绵工具　○	减淡工具：改变图像特定区域的曝光度，使图像变亮，如下图所示 减淡前　　　　减淡后 加深工具：改变图像特定区域的曝光度，使图像变暗，如下图所示 加深前　　　　加深后 海绵工具：提高或者降低图像的饱和度，如下图所示 使用前　　　去色效果　　　加色效果

续表

移动工具	用于移动选取区域内的图像
颜色调和工具 减淡工具　O 加深工具　O 海绵工具　O	减淡工具选项如下。 范围：中间调　曝光度：50%　✓保护色调 范围：设置加深的作用范围，在其下拉列表中可选择暗调、中间调和高光。 曝光度：设置图像加深的程度，输入的数值越大，对图像减淡的效果越明显
	海绵工具选项如下。 模式：降…　流量：50%　✓自然饱和度 模式：去色，降低图像颜色的饱和度；加色，增加图像颜色的饱和度。 流量：设置去色或加色的程度，另外也可以选择喷枪效果
路径选择工具 路径选择工具　A 直接选择工具　A	路径选择工具：选择路径和移动路径
	直接选择工具：选择路径段，并可以利用它拖动端点对路径进行变形
钢笔工具 钢笔工具　P 自由钢笔工具　P 添加锚点工具 删除锚点工具 转换点工具	钢笔工具：直接在图像上单击，即可建立新的锚点来连接线段形成路径。如下图所示，用"钢笔工具"沿着海螺的外形单击，形成路径  自由钢笔工具：按住鼠标左键拖动，系统根据拖动的路径自动产生锚点，如下图所示  添加锚点工具：在当前路径上增加锚点，从而可以对锚点所在线段进行曲线调整。如下图所示，调整锚点，使产生的路径与海螺外形更贴近 

续表

移动工具	用于移动选取区域内的图像
	删除锚点工具 ：在当前路径上删除锚点，从而将该锚点两侧的线段拉直。如下图所示，删除海螺右上角锚点，两锚点间线段变成直线 
	转换点工具 ：实现曲线锚点与直线锚点间的相互转换。如下图所示，将直线锚点转换为曲线锚点 
钢笔工具 	钢笔工具选项如下。   选择工具模式：包括形状、路径和像素 3 种模式。 形状：在图像文件中绘制具有前景色填充的形状图层，另在"图层"面板中将自动生成包括图层图样和剪切路径的形状图层。在"图层"面板中，左侧为图层图样，右侧为剪切路径。双击图层图样可修改路径图形的填充颜色，如下图所示（绘制形状）  

移动工具	用于移动选取区域内的图像
钢笔工具 • 钢笔工具　　P 　自由钢笔工具　P 　添加锚点工具 　删除锚点工具 　转换点工具 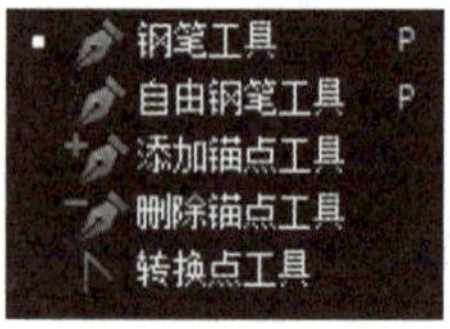	路径：只绘制具有路径的形状，如下图所示（绘制路径） 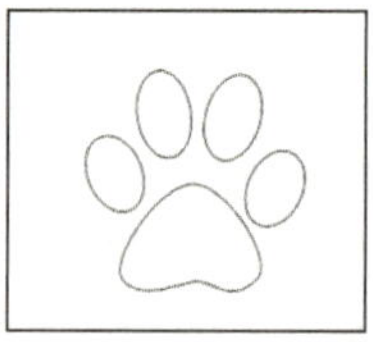 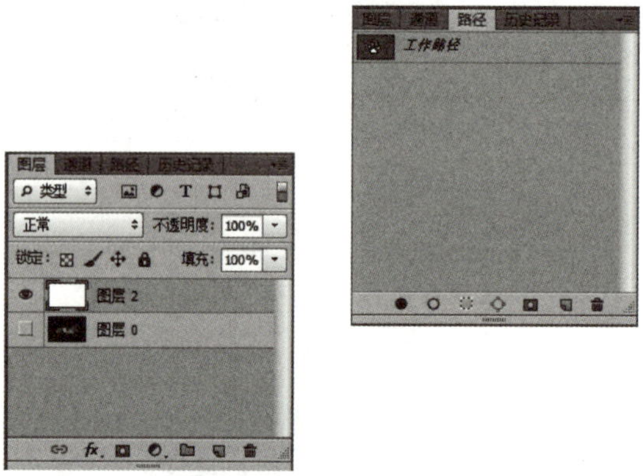 绘制路径 像素：在图像文件中绘制具有前景色填充的图像图层，如下图所示（绘制像素）  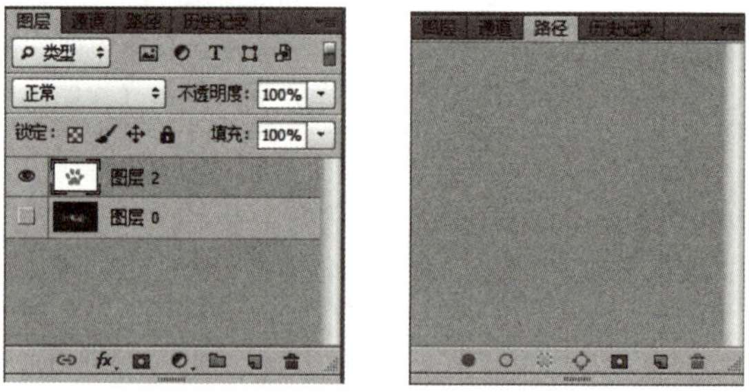 绘制像素 路径操作　：主要包括下图所示的几种路径运算方式 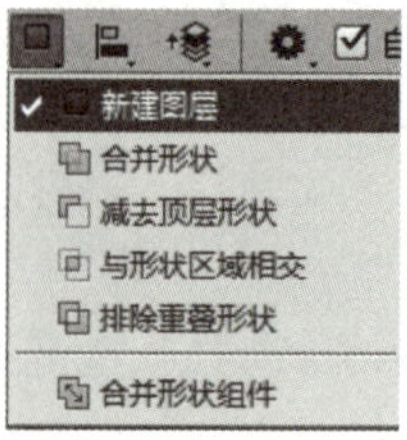 ✓ □ 新建图层 　□ 合并形状 　□ 减去顶层形状 　□ 与形状区域相交 　□ 排除重叠形状 　□ 合并形状组件

续表

移动工具	用于移动选取区域内的图像
	路径运算方式：合并形状，新添加路径与原路径覆盖的面积，在填充时将全部被填充；减去顶层形状，填充路径时，新添加路径的面积将从原路径中减去后再填充；与形状区域相交，填充路径时，新添加路径与原路径重叠的部分将被填充；排除重叠形状，填充路径时，新添加的路径与原路径不重叠的部分将被填充。 路径对齐方式：将选择的路径进行对齐，其方式如下图所示。 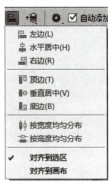 路径排列方式：控制选择的路径的排列层次，其方式如下图所示。  ：选中该选项，"钢笔工具"即具有了"添加锚点工具"和"删除锚点工具"的功能
钢笔工具	自由钢笔工具选项如下。 □ 磁性的　☑ 对齐边缘 磁性的：选中该选项，图像中的鼠标指针显示为"磁性钢笔"形态，此时"自由钢笔工具"与"磁性套索工具"应用方法相似，可以沿图像边界绘制工作路径
	使用技巧： 使用"转换点工具"时，按住 Alt 键，将鼠标指针移动到锚点处按住鼠标并拖拽，可以对锚点的一端进行调整；按住 Ctrl 键将光标移动到锚点位置并按住鼠标拖拽，可以将当前选择的锚点移动位置；按住 Shift 键调整节点，可以确保锚点按 45° 角的倍数进行调整

续表

移动工具 ▶⊹	用于移动选取区域内的图像
矢量图形工具 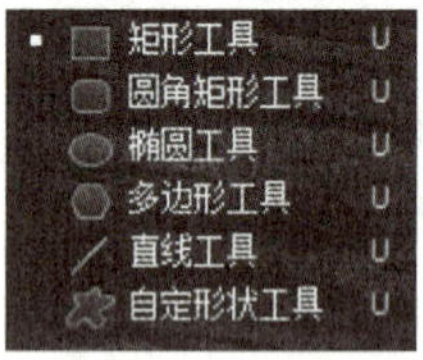 □ 矩形工具　U □ 圆角矩形工具　U ○ 椭圆工具　U ○ 多边形工具　U ／ 直线工具　U ⬚ 自定形状工具　U	矩形工具 ▢：在图像文件中绘制矩形图形
	圆角矩形工具 ▢：在图像文件中绘制具有圆角的矩形，当"半径"数值为0时，绘制出的是矩形
	椭圆工具 ▭：在图像文件中绘制椭圆图形
	多边形工具 ⬡：在图像文件中绘制正多边形或星形图形
	直线工具 ／：绘制直线或带有箭头的线段
	自定形状工具 ⬚：在图像文件中绘制各类不规则的图形和自定义的图案
文本工具  ▪ T 横排文字工具　T ↓T 直排文字工具　T T 横排文字蒙版工具　T ↓T 直排文字蒙版工具　T	横排文字工具 T：在图像文件中创建水平文字，并在"图层"面板中建立新的文字图层
	直排文字工具 ↓T：在图像文件中创建垂直文字，并在"图层"面板中建立新的文字图层
	横排文字蒙版工具 T：可以在图像文件中创建水平文字形状的选区
	直排文字蒙版工具 ↓T：可以在图像文件中创建垂直文字形状的选区
	文本工具选项如下。 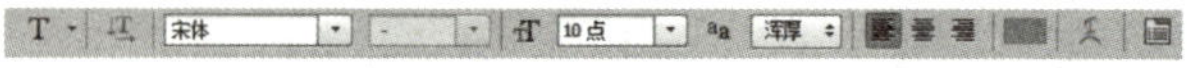 T ▾ ↓T 宋体 ▾ - ▾ ↓T 10点 ▾ aa 浑厚 ▾ 臺臺臺 ▦ Ⅹ ▣ ↓T：更改文本方向，经典繁叠黑 ▾：设置字体，↓T 200点 ▾：设置字体大小，aa 平滑 ▾：设置消除锯齿的方法；臺臺臺：设置段落对齐方式；▬：设置文本颜色；Ⅹ：创建变形文本；▣：切换字符段落调板
辅助工具 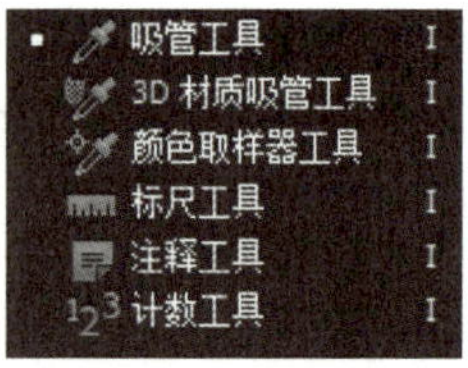 ▪ ✐ 吸管工具　I ✐ 3D材质吸管工具　I ✐ 颜色取样器工具　I ▦ 标尺工具　I ▣ 注释工具　I 1₂³ 计数工具　I	吸管工具 ✐：能在拾色器、色板和图像中选取颜色并使用所选取的颜色作为前景色或背景色
	3D材质吸管工具 ✐：吸取3D材质纹理以及查看和编辑3D材质纹理
	颜色取样器工具 ✐：显示某一点颜色的数值
	标尺工具 ▦：显示图像中两个点的位置和距离等信息
	注释工具 ▣：在图像中添加文本注释
	计数工具 1₂³：统计图像中对象的个数，并将这些数目显示在选项栏的视图中

续表

移动工具	用于移动选取区域内的图像
抓手工具/旋转视图工具  抓手工具　H 旋转视图工具　R	抓手工具：在图像无法完全显示在窗口时移动图像，使未显示部分移至显示区域
	旋转视图工具：控制画布显示的方向。 旋转视图工具选项如下。  旋转角度：0°　复位视图　□旋转所有窗口 旋转角度：0°：可直接输入角度值，以达到精确旋转 Photoshop 视图的目的。：在按钮上按住鼠标左键并移动鼠标，也可以旋转 Photoshop 视图图像。□旋转所有窗口：默认是不选中此选项；选中此选项后对一个窗口图像进行旋转操作时，其他窗口中的图像也一起旋转
缩放工具	用于放大和缩小图像在图像窗口中的显示
控制工具 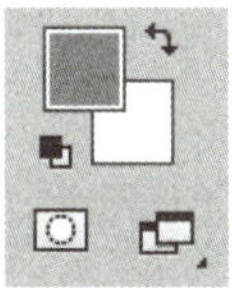	"色彩控制"：前面的色框为前景色，后面的色框为背景色。 右上角的双向箭头可交换前景色与背景色，左下角的黑白色块用于恢复默认的前景色与背景色
	"以快速蒙版模式进行编辑"：在 Photoshop 图像文件中有两种编辑模式，正常情况下图像文件都处于标准模式。单击按钮，进入快速蒙版模式。在快速蒙版模式下，用户所做的图像修改都转换为选区
	更改屏幕模式：切换整个编辑器的屏幕显示模式，具体如下图所示 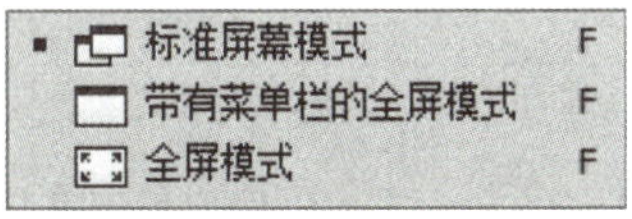 ■ 标准屏幕模式　F 带有菜单栏的全屏模式　F 全屏模式　F

2.3　Photoshop 快捷键

　　下面列出 Photoshop 中常用的快捷键。

　　（1）工具箱快捷键（多种工具共用一个快捷键的，可同时按 Shift 键加此快捷键选取）见表 2−3。

表 2−3　工具箱快捷键

操作	快捷键	操作	快捷键
矩形、椭圆选框工具	M	裁剪工具	C
移动工具	V	套索、多边形套索、磁性套索	L

续表

操作	快捷键	操作	快捷键
魔棒工具	W	喷枪工具	J
画笔工具	B	橡皮图章、图案图章	S
历史记录画笔工具	Y	橡皮擦工具	E
铅笔、直线工具	N	模糊、锐化、涂抹工具	R
减淡、加深、海绵工具	O	钢笔、自由钢笔、磁性钢笔工具	P
添加锚点工具	+	删除锚点工具	-
直接选取工具	A	文字、文字蒙版、直排文字、直排文字蒙版	T
度量工具	U	直线渐变、径向渐变、对称渐变、角度渐变、菱形渐变	G
油漆桶工具	K	吸管、颜色取样器	I
抓手工具	H	缩放工具	Z
默认前景色和背景色	D	切换前景色和背景色	X
切换标准模式和快速蒙版模式	Q	标准屏幕模式、带有菜单栏的全屏模式、全屏模式	F
临时使用移动工具	Ctrl	临时使用吸色工具	Alt
临时使用抓手工具	Space	打开工具选项面板	Enter
快速输入工具选项（当前工具选项面板中至少有一个可调节数字）	0~9	循环选择画笔	[或]
选择第一个画笔	Shift + [	选择最后一个画笔	Shift +]
建立新渐变（在"渐变编辑器"中）	Ctrl + N	—	—

（2）文件操作快捷键表2-4。

表2-4　文件操作快捷键

操作	快捷键	操作	快捷键
帮助	F1	剪切	F2
复制	F3	粘贴	F4
隐藏/显示画笔面板	F5	隐藏/显示颜色面板	F6
隐藏/显示图层面板	F7	隐藏/显示信息面板	F8

续表

操作	快捷键	操作	快捷键
隐藏/显示动作面板	F9	恢复	F12
填充	Shift + F5	羽化	Shift + F6
选择→反选	Shift + F7	隐藏选定区域	Ctrl + H
取消选定区域	Ctrl + D	关闭文件	Ctrl + W
退出 Photoshop	Ctrl + Q	取消操作	Esc
新建图形文件	Ctrl + N	用默认设置创建新文件	Ctrl + Alt + N
打开已有的图像	Ctrl + O	打开为	Ctrl + Alt + O
关闭当前图像	Ctrl + W	保存当前图像	Ctrl + S
另存为	Ctrl + Shift + S	存储副本	Ctrl + Alt + S
页面设置	Ctrl + Shift + P	打印	Ctrl + P
打开"预置"对话框	Ctrl + K	显示最后一次显示的"预置"对话框	Alt + Ctrl + K
设置"常规"选项 (在"预置"对话框中)	Ctrl + 1	设置"存储文件" (在"预置"对话框中)	Ctrl + 2
设置"显示和光标" (在"预置"对话框中)	Ctrl + 3	设置"透明区域与色域" (在"预置"对话框中)	Ctrl + 4
设置"单位与标尺" (在"预置"对话框中)	Ctrl + 5	设置"参考线与网格" (在"预置"对话框中)	Ctrl + 6
外发光效果 (在"效果"对话框中)	Ctrl + 3	内发光效果 (在"效果"对话框中)	Ctrl + 4
斜面和浮雕效果 (在"效果"对话框中)	Ctrl + 5	应用当前所选效果 并使参数可调 (在"效果"对话框中)	A

（3）按 Tab 键可以显示或隐藏工具箱和调色板，按"Shift + Tab"组合键可以显示或隐藏除工具以外的其他面板。

（4）按住 Shift 键，用绘画工具在画面中单击就可以在两点间画出直线，按住鼠标拖动便可画出水平或垂直线。

（5）使用其他工具时，按住 Ctrl 键可切换到移动工具的功能（除了选择手形工具时）按住 Space 键可切换到手形工具的功能。

（6）同时按住 Alt 和 Ctrl 键并按 + 键或 – 键可让画框与画面同时缩放。

（7）使用其他工具时，按"Ctrl + Space"组合键可切换到缩小工具放大图像显示比例，按"Alt + Ctrl + Space"组合键可切换到放大工具缩小图像显示比例。

（8）在手形工具上双击鼠标可以使图像匹配窗口的大小显示。

（9）按住 Alt 键双击 Photoshop 底板相当于执行"打开为"命令。

（10）按住 Shift 键双击 Photoshop 底板相当于执行"保存"命令。

（11）按住 Ctrl 键双击 Photoshop 底板相当于执行"新建"命令。

（12）按住 Alt 键单击工具盒中带小点的工具可循环选择隐藏的工具。

（13）按"Ctrl + Alt + 0"组合键或在缩放工具上双击鼠标可使图像文件以 1：比例显示。

（14）在各种设置框内，只要按住 Alt 键，退出按钮会变成键重置按钮，按重置按钮可恢复默认设置。

（15）按"Shift + Backspace"组合键可直接调用"填充"命令填充对话框。

（16）按"Alt + Backspace（Delete）"组合键可将前景色填入选取框；按"Ctrl + Backspace（Delete）"组合键可将背景色填入选取框。

（17）同时按住 Ctrl 和 Alt 键移动可马上复制到新的图层并可同时移动物体。

（18）在用裁切工具裁切图片并调整裁切点时按住 Ctrl 键便不会贴近画面边缘。

（19）在要在一个宏（action）中的某一命令后新增一条命令，可以先选中该命令，然后单击调色板上的开始录制图标，选择要增加的命令，再单击停止录制图标即可。

（20）在"图层""通道""路径"面板上，按 Alt 键单击这些面板底部的工具图标时，对于有对话框的工具可调出相应的对话框来更改设置。

（21）选择"滤镜"→"渲染"→"光照效果"选项时，若要在对话框内复制光源，先按住 Alt 键后再拖动光源即可实现复制。

（22）调用"曲线"对话框时，按住 Alt 键于格线内单击可以增加网格线，提高曲线精度。

（23）若要在两个窗口间进行拖放复制，在拖动过程中按住 Shift 键，则图像被拖到目的窗口后会自动居中。

（24）按住 Shift 键选择区域时可在原区域上增加新的区域；按住 Alt 键选择区域时，可在原区域上减去新选区域；同时按住 Shift 和 Alt 键选择区域时，可取得与原选择区域相交的部分。

（25）移动图层和选取框时，按住 Shift 键可做水平、垂直或呈 45°角的移动；按键盘上的方向键，可做每次 1 像素的移动；按住 Shift 键再按键盘上的方向键可做每次 10 像素的移动。

（26）使用笔形工具制作路径时按住 Shift 键可以强制路径或方向线成水平、垂直或 45°角；按住 Ctrl 键可暂时切换到路径选取工具；按住 Alt 键将笔形光标在黑色的接点上单击可以改变方向线的方向，使曲线可以转折；按 Alt 键用路径选取工具单击路径会选取整个路径，要同时选取多个路径可按住 Shift 键后逐个单击；用路径选取工具时按"Ctrl + Alt"组合键移近路径会切换到加节点与减节点的笔形工具。

（27）在使用选取工具时，按住 Shift 键拖动鼠标可以在原选取框外增加选取范围；同时按住 Shift 与 Alt 键拖动鼠标可以选取与原选取框重叠的范围（交集）。

（28）按"Ctrl + Delete"组合键可填加前景颜色，"Ctrl 或 Shift + Delete"组合键可填加

背景颜色。

（29）空格加 Ctrl（注意顺序）可快速调出放大镜，再按 Alt 键则变成缩小镜。

（30）若要将图像用于网面，可将图像模式设置为索引色彩模式，该模式有文件小、传输快的优点，如果再选择 GIF 输出，可以设置透明的效果，并将文件保存成 GIF 格式。

（31）选择"滤镜"→"渲染"→"云彩"选项时，先按住 Alt 键可增加云彩的反差，先按住 Shift 键则减小云彩的反差。

（32）双击放大镜图标可使画面以 100% 的比例显示。

（33）按"Ctrl + R"组合键出现标尺，在标尺拉出辅助线时按住就可以准确地让辅助线贴近刻度。

（34）在使用自由变形功能时，按 Ctrl 键并拖动某一控制点可以进行随意变形的调整；按"Shift + Ctrl"组合键并拖动某一控制点可以进行倾斜调整；按 Alt 键并拖动某一控制点可以进行对称调整；按"Shift + Ctrl + Alt"组合键并拖动某一控制点可以进行透视效果调整。

（35）在 Photoshop 5.0 以上版本中用鼠标右键单击文字，选择"图层"→"效果"选项，可以快速做出随字体改变的阴影及光芒效果。

（36）在安装 Photoshop 时，"select country"选择"all other countries"，"select components"选择"cmap files"，就可以正常使用中文。

（37）选择"滤镜"→"渲染"→"云彩"选项时，若要产生更多明显的纹理图案，可先按住 Alt 键后再选择该选项。

（38）大部分工具在使用时按 CapsLock 键可使工具图标与精确实线相互切换。

（39）按 F 键可把 Photoshop 面板的显示模式顺序替换为：标准显示→带菜单的全屏显示→全屏显示。

（40）若要从中心开始画选框，可按住 Alt 键拖动。

（41）按"Shift + Tab"组合键可以显示或隐藏除工具箱外的其他调色板。

2.4　课后练习

一、选择题

1. 同时隐藏工具栏和浮动调板，可按（　　　）键，仅隐藏浮动调板而不隐藏工具栏，可按（　　　）键。

A. Tab、Ctrl + Tab 　　　　　　B. Tab、Shift + Tab

C. Ctrl + Tab、Tab　　　　　　　D. Tab、Alt + Tab

2. "魔棒工具"是一种完全根据图像（　　　）进行选择的工具。

A. 已有选择区域　　B. 通道　　　　C. 颜色　　　　　　D. 图层

3. 要在图像窗口中显示标尺，可以按（　　　）组合键。

A. "Ctrl + T"　　　　B. "Ctrl + R"　　　C. "Ctrl + F"　　　　D. "Ctrl + E"

4. 使用"矩形选框工具"创建要保留的选区，然后执行菜单栏中的（　　　）命令，即可将选区中的图像裁切下来，去除选区中的图像。

A. "编辑"→"剪切"　　　　　　　　B. "图像"→"裁切"

C. "图像"→"画布大小"　　　　　　D. "图像"→"色彩范围"

5. 通过执行菜单栏中的"图层"→"新建"命令，可以新建（　　）。

A. 普通图层　　　　B. 背景图层　　　　C. 文字图层　　　　D. 图层组

二、操作题

1. 制作台球，效果如图 2 – 13 所示。在制作过程中主要用到标尺与参考线等辅助工具，注意使用填充前景颜色与背景颜色的方法、设置亮度/对比度以及羽化选区等技巧。

图 2 – 13　台球效果

2. 制作贺卡，效果如图 2 – 14 所示。在制作过程中利用导入素材、自由变换、反选等操作，以及"套索工具""横排文字工具"等。

图 2 – 14　贺卡效果

第3章 图片处理与图层

◎**要点难点分析**

要点：

（1）位图的常用格式及其应用领域；

（2）Photoshop 中抠取图像的几种常用方式；

（3）图像色彩的调整；

（4）Photoshop 内置滤镜的使用；

（5）图层样式及通道、蒙版的运用；

（6）图像合成案例操作。

难点：图像合成案例操作。

难度：★ ★ ★

◎**学习目标：**

（1）位图格式的基本知识；

（2）熟练运用 Photoshop 抠取图像；

（3）熟练运用 Photoshop 调整图像色彩；

（4）熟练运用 Photoshop 制作图片特效；

（5）熟练运用 Photoshop 合成图像；

（6）具备敬业、精益、专注、创新的工匠精神。

3.1 位图图像常用格式的特点及其主要应用领域

图像格式是指计算机中存储图像文件的方式与压缩方法。位图图像也叫作栅格图像，Photoshop 以及其他绘图软件一般都使用位图图像。在处理位图图像时，编辑的是像素而不是对象或者形状，也就是说，编辑的是图像中的每一个点。不同图像处理程序也有各自的内部格式，如 PSD 是 Photoshop 本身的格式，由于内部格式带有软件的特定信息，如图层与通道等，所以其他图形软件一般不可以打开它，虽然占用字节量大，但在 Photoshop 中存储速度很快。在存储图片的时候要针对不同的程序和使用目的来选择需要的格式。

图像世界中不同的格式各自以不同的方式来表示图形信息，下面介绍几种常用的图像文件格式及其特点。

1. PSD 格式

PSD 格式是 Photoshop 特有的图像文件格式，支持 Photoshop 中所有的颜色模式。PSD 文件其实是 Photoshop 进行平面设计的一张"草稿图"，它包含各种图层、通道、遮罩等多种设计的样稿，以便下次打开文件时可以修改上一次的设计。在 Photoshop 所支持的各种图像格式中，PSD 格式的存取速度比其他格式快很多。因此，在编辑图像的过程中，通常将文件保存为 PSD 格式，以便重新读取图像中图层和通道的信息。

另外，用 PSD 格式保存图像时，图像没有经过压缩。因此，当图层较多时，PSD 文件会占用很大的硬盘空间。图像制作完成后，除了保存为通用的格式外，最好再存储一个 PSD 文件备份，直到确认不需要在 Photoshop 中再次编辑该图像为止。

2. BMP 格式

BMP 是英文 Bitmap（位图）的简写，它是 Windows 操作系统中的标准图像文件格式，能够被多种 Windows 应用程序支持。随着 Windows 操作系统的流行与丰富的 Windows 应用程序的开发，BMP 格式理所当然地被广泛应用。BMP 格式支持 RGB、索引色、灰度和位图色彩模式，但不支持 Alpha 通道。彩色图像存储为 BMP 格式时，每一个像素所占的位数可以是 1 位、4 位、8 位或者 32 位，相对应的颜色数也是从黑白一直到真彩色。

BMP 格式的特点是包含的图像信息较丰富，几乎不进行压缩，但由此导致了它与生俱生来的缺点——占用磁盘空间过大。因此，目前 BMP 在单机上比较流行。

3. JPEG 格式

JPEG 格式是一种较常用的有损压缩方案，常用来压缩存储批量图片（压缩比达 20），它用有损压缩方式去除冗余的图像和彩色数据，在获得极高的压缩率的同时能展现十分生动的图像。换句话说，JPEG 格式可以用最少的磁盘空间得到较好的图像质量。由于 JPEG 格式的压缩算法是采用平衡像素之间的亮度色彩来计算的，所以它更有利于表现带有渐变色彩且没有清晰轮廓的图像。同时 JPEG 还是一种很灵活的格式，具有调节图像质量的功能。JPEG 文件允许用户以不同的压缩比例对其进行压缩。

由于 JPEG 格式优异的品质和杰出的表现，它的应用非常广泛，特别是在网络和光盘读物方面。目前各类浏览器均支持 JPEG 格式，因为 JPEG 格式的文件尺寸较小，下载速度快，使 Web 网页有可能以较短的下载时间提供大量美观的图像，JPEG 顺理成章地成为网络上最受欢迎的图像格式。

将图像保存为 JPEG 格式时，可以指明图像的品质和压缩级别。Photoshop 中设置了 12 个压缩级别，在"品质"文本框中输入数值或拖动下方的三角形滑块可以改变所保存图像的品质和压缩级别。参数设置为 12 时，图像的品质最佳，但压缩级别最低，如图 3-1 所示。

尽管 JPEG 是一种主流格式，但压缩后的图像颜色品质较低，所以在计算机制版工艺中，要求输出高质量图像时不使用 JPEG 格式，而选择 EPS 格式或 TIF 格式，特别是在以 JPEG 格式进行图形编辑时，不要经常进行保存操作。

4. TIFF 格式

TIFF 的英文全称是"Tagged Image File Format"，它由 Aldus 公司开发，是一种可压缩的图像格式，其应用非常广泛，几乎被所有绘画、图像编辑和页面排版应用程序所支持。TIFF 格式最初是出于跨平台存储扫描图像的需要而设计的。它的特点是图像格式复杂、存储信息多。正因为它存储的图像细微层次的信息非常多，图像的质量也得以提高，故而非常有利于原稿的复制。

TIFF 格式常用于在应用程序之间和计算机平台之间交换文件，它支持带 Alpha 通道的 CMYK、RGB 和灰度颜色模式，支持不带 Alpha 通道的 Lab、索引色和位图颜色模式，支持 LZW 压缩。

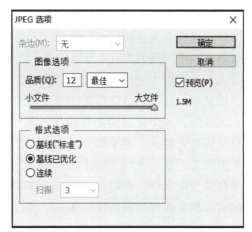

图 3-1　"JPEG 选项"对话框

在将图像保存为 TIFF 格式时，通常可以选择保存为 IBM PC 兼容计算机可读的格式或者 Macintosh 计算机可读的格式，并且可以指定压缩算法。其中 LZW 压缩方式不会降低图像的品质，被称为"无损压缩"，但并非所有软件及输出设备都能够支持这种压缩方式，因此选用的时候必须小心。

5. GIF 格式

GIF 是英文 Graphics Interchange Format（图形交换格式）的缩写。GIF 格式的特点是压缩比高、磁盘空间占用较少，所以这种图像格式迅速得到了广泛的应用。随着技术发展，GIF 格式可以同时存储若干幅静止图像进而形成连续的动画，这使之成为当时支持 2D 动画为数不多的格式之一（称为 GIF89a），而在 GIF89a 图像中可指定透明区域，使图像具有非同一般的显示效果。目前 Internet 上大量采用的彩色动画文件多为 GIF 文件，也称为 GIF89a 格式文件。

此外，考虑到网络传输中的实际情况，GIF 格式还增加了渐显方式，也就是说，在图像传输过程中，用户可以先看到图像的大致轮廓，然后随着传输过程的继续而逐步看清图像中的细节部分，从而适应了用户的"从朦胧到清楚"的观赏心理。

GIF 格式只能保存最大 8 位色深的数码图像，所以它最多只能用 256 色来表现物体，对于色彩复杂的物体它就力不从心了。尽管如此，GIF 格式仍在网络上广泛应用，这和 GIF 图像文件体积小、下载速度快、可用许多具有同样大小的图像文件组成动画等优势是分不开的。

6. EPS 格式

EPS 格式是 PostScript 所用的格式，用于排版、打印等输出工作。EPS 格式可以用于存储矢量图形，几乎所有矢量绘制和页面排版软件都支持该格式。在 Photoshop 中打开其他应用程序创建的包含矢量图形的 EPS 文件时，Photoshop 会对此文件进行栅格化，将矢量图形转换为位图图像。

EPS 格式支持 Lab、CMYK、RGB、索引颜色、灰度和位图色彩模式，不支持 Alpha 通道，但支持剪贴路径。

7. DCS 格式

DCS 的英文全称是"Desktop Color Separation"，属于 EPS 格式的一种扩展，在 Photoshop 中文件可以存储为这种格式。图像文件存储为 DCS 格式后，会有 5 个文件出现，包括 CMYK 各版以及用于预视的 72dpi 图像文件，即所谓"Master file"。

DCS 格式最大的优点是输出比较快，因为图像文件已分成四色的文件，在输出分色菲林时，图像输出时间可最高缩短 75%，所以适合大图像的分色输出。

DCS 的另一个优点是制作速度比较快，其实 DCS 格式是 OPI（Open Prepress Interface）工作流程概念的一个重要部分。OPI 是指制作时会置入低解析度的图像，到输出时才连接高解析度图像，这样便可令制作速度加快，这种工作流程概念尤其适合一些多图像的书刊或大尺寸包装盒的制作，所以 DCS 格式与 OPI 概念相似，将低解析度图像置入文档，在输出时，输出设备便会连接高解析度图像。

所有的常用软件都支持 DCS 格式。由于 5 个文件才合成一个图像，所以要注意 5 个文件的名称一定要一致，只是在原名称之后加 C、M、Y、K 标记，不能改动任何一个名称。

8. PCX 格式

PCX 格式是 ZSOFT 公司在开发图像处理软件 Paintbrush 时开发的一种格式，存储深度为 1~24 位。它是经过压缩的格式，占用磁盘空间较少。由于该格式出现的时间较长，并且具有压缩及全彩色的能力，所以现在仍是十分流行的格式。

9. PNG 格式

PNG 是 20 世纪 90 年代中期开始开发的图像文件存储格式，其目的是替代 GIF 和 TIFF 格式，同时增加一些 GIF 格式所不具备的特性。PNG 格式用来存储灰度图像时，灰度图像的深度可多到 16 位；存储彩色图像时，彩色图像的深度可多达 48 位，并且还可存储多达 16 位的 α 通道数据。PNG 格式使用从 LZ77 派生的无损数据压缩算法。

PNG 是目前保证最不失真的格式，它汲取了 GIF 和 JPG 二者的优点，存储形式丰富，兼有 GIF 和 JPG 的色彩模式；它的另一个特点能把图像文件压缩到极限以利于网络传输，但又能保留所有与图像品质有关的信息，因为 PNG 格式采用无损压缩方式来减少文件的大小，这一点与牺牲图像品质以换取高压缩率的 JPEG 格式有所不同；它的第三个特点是显示速度很快，只需下载 1/64 的图像信息就可以显示低分辨率的预览图像；PNG 同样支持透明图像的制作，透明图像在制作网页图像的时候很有用，可以把图像背景设为透明，用网页本身的颜色信息代替设为透明的色彩，这样可让图像和网页背景很和谐地融合在一起。

PNG 格式的缺点是不支持动画应用效果，如果在这方面能有所加强，简直就可以完全替代 GIF 和 JPEG 格式。Macromedia 公司的 Fireworks 软件的默认格式就是 PNG。现在，越来越多的软件开始支持这一格式，而且该格式在网络上也越来越流行。

3.2 图片背景处理

在 Photoshop 中，对图像的编辑操作有很多种方法，在实施这些操作之前，有一个基本的前提，就是在图像中选出操作的对象，将对象从图片背景中抠取出来。这个过程简称为

"抠图"。抠图是编辑图像的首要条件，只有当图像区域被选择后，才可以对图像的区域进行编辑而不影响其他区域。

在 Photoshop 中，抠图的方法很多，最简单的方法是用"魔术棒工具"将背景中相近颜色的区域选出来删除，然后用"橡皮擦工具"仔细擦去背景中剩余的部分。除了使用"魔术棒工具"之外，还可以通过其他选择工具、颜色范围、快速蒙版、钢笔路径、抽出滤镜、外挂滤镜 KnockOut 等来抠图。

下面对这几种抠图方法进行讲解。

3.2.1 选区抠图

选区在图像编辑中的作用非常重要，当需要对图像的局部进行编辑时，应该将其局部选取，这样才可以对图像的局部进行处理而不影响图像的其他部分。除此之外，选区在图像合成中也起到了不可忽视的作用。例如，从一幅图像中选取图像的某一部分，将其调入其他图像，和其他图像进行合成，组成新的图像效果。可见，选取图像是进行图像编辑不可缺少的重要手段。

在 Photoshop 中，常用的选择工具分为两类：规则的选择工具和不规则的选择工具。规则的选择工具包括"矩形选框工具""椭圆选框工具""单行选框工具"和"单列选框工具"。顾名思义，它们产生的选区都是规则的图形。不规则的选择工具包括"套索工具""多边形套索工具""磁性套索工具"。"套索工具"用于产生任意不规则选区，"多边形套索工具"用于产生具有一定规则的多边形选区，而套索工具组里的"磁性套索工具"是制作边缘比较清晰，且与背景颜色相差比较大的图片的选区，而且在使用的时候应注意其选项栏的设置，如图 3-2 所示。

图 3-2 "磁性套索工具"选项栏

各选项介绍如下。

（1）选区加减的设置。做选区的时候，使用"新选区"命令较多。

（2）"羽化"选项的取值范围为 0~250 像素，可羽化选区的边缘，数值越大，羽化的边缘越大。

（3）"消除锯齿"选项的功能是让选区更平滑。

（4）"宽度"选项的取值范围为 1~256 像素，可设置一个像素宽度，一般使用的默认值为 10。

（5）"边对比度"选项的取值范围为 1~100 像素，它可以设置"磁性套索工具"检测边缘图像灵敏度。如果选取的图像与周围图像的颜色对比较强，那么就应设置一个较大的百分数值；反之，输入一个较小的百分数值。

（6）"频率"选项的取值范围为 0~100 像素，它是用来设置在选取时关键点创建的速率的一个选项。其数值越大，速率越高，关键点就越多。当图像的边缘较复杂时，需要较多的关键点来确定边缘的准确性，可采用较大的频率值，一般使用默认值 57。

另外，"魔术棒工具"也可以看作一种不规则选择工具用于建立选区。它可以通过设置容差值的大小来设置抠图的范围,"容差"的取值范围为0~255像素,数值越大,选择的范围也就越大。

下面用一个实例来讲解选择工具的使用方法。

实例:运用"套索工具"和"魔术棒工具"抠图。

(1)在Photoshop中打开瀑布图片和小鸭子图片,选择"魔术棒工具",设容差值为10,如图3-3所示;然后在小鸭子图片的空白处单击,此时会形成一个对白色进行选取的选区,如图3-4所示。

图3-3 "魔术棒工具"选项设置

图3-4 选取白色区域

(2)执行"选择"→"反选"命令(快捷键"Ctrl + Shift + I")进行反选,这时所选中的就是小鸭子,如图3-5所示。切换到"移动工具",移动鸭子到瀑布图片中,如图3-6所示。

图3-5 选取小鸭子   图3-6 移动选区效果

（3）打开山丘图片，如图 3 - 7 所示。选择"多边形套索工具"，将图中要用到的蓝天部分选取，如图 3 - 8 所示。使用"移动工具"将选区拖动到瀑布上方，如图 3 - 9 所示（当然，此处也可以运用"磁性套索工具"）。

图 3 - 7　山丘图片

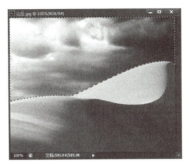

图 3 - 8　选取蓝天部分

（4）选中小鸭子图层，然后执行"编辑"→"自由变换"命令（快捷键"Ctrl + T"）进行自由变形，调整小鸭子的大小和位置，并使用同样的方法调整蓝天图层大小，如图 3 - 10 所示。

图 3 - 9　移动选区效果

图 3 - 10　调整蓝天图层大小

（5）选择"橡皮擦工具"，并按照图 3 - 11 所示的参数进行设定，在蓝天图层上进行涂抹，得到图 3 - 12 所示效果。需要注意的是，在涂抹的过程中，需不断对"橡皮擦工具"的参数进行更改，以得到更好的效果。

（6）为图像添加特效。使用"椭圆选择工具"选中背景图层中的河水部分，如图 3 - 13 所示。执行"滤镜"→"扭曲"→"水波"命令，弹出图 3 - 14 所示对话框，参照图中的数据进行参数设置。

最终效果如图 3 - 15 所示。

图3-11 "橡皮擦工具"参数设置

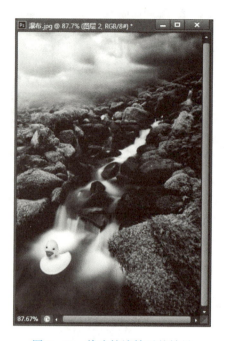

图3-12 橡皮擦涂抹后的效果

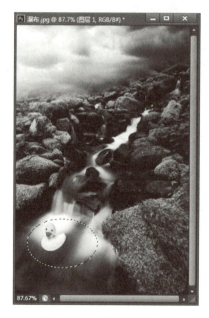

图3-13 建立椭圆选区

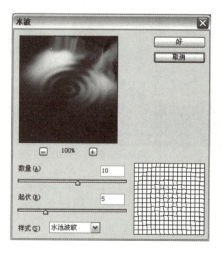

图3-14 "水波"对话框

图 3 - 15　最终效果

3.2.2　路径抠图

在 Photoshop 中，使用路径抠图是比较常见的，尤其在印刷制版的设计中。路径适合抠取轮廓和背景均比较复杂的图像，抠出的图像很精确，边缘也非常平滑，而且在收缩或者变形之后仍能保持平滑效果。

路径是由若干个锚点、线段和曲线构成的矢量线条。在曲线段上每个选择的锚点显示一个或两个方向线，方向线以方向点结束。方向线和方向点所在的位置决定了该路径的形状和大小，移动这些元素即可改变路径的形状。路径各属性示意如图 3 - 16 所示。

图 3 - 16　路径各属性示意

以下为路径的相关属性的简单介绍。

（1）锚点：在绘制路径时，线段与线段之间由一个锚点连接，锚点本身具有直线或者曲线的属性。其中，直线段两端的锚点称为"角点"，角点没有方向线。曲线段两端光滑连接的两个曲线段锚点称为"平滑点"。

（2）线段：两个锚点由线段连接，如果线段两端的锚点都带有直线属性，则该线段为直线；如果任意一端的锚点带有曲线属性，则该线段为曲线。当改变锚点的属性时，通过该锚点的线段会被影响。

（3）方向线：当选定带有曲线属性的锚点时，锚点的左、右两侧会出现方向线，用鼠标拖拽方向线末端的控制柄，即可改变曲线段的弯曲程度。

在 Photoshop 的工具箱中，与路径有关的工具分为两类——路径编辑工具和路径选择工具，如图 3-17 和图 3-18 所示。

图 3-17　路径编辑工具

图 3-18　路径选择工具

"钢笔工具"是勾绘路径的基本工具，而其余的工具能够在钢笔工具绘制路径时给予一定的辅助。在选中"钢笔工具"之后，在其选项栏中有图 3-19 所示的选项。用户可以选择是绘制一条路径还是一个矢量图形。例如，如果单击"形状图层"按钮 □，则在绘制路径时创建一个形状图层，并同时产生一个附属于形状图层的临时路径；单击"路径"按钮 ▣，则在"路径"面板中产生一个工作路径层。

图 3-19　"钢笔工具"选项栏

使用"钢笔工具"时，在图像中每单击一下将创建一个锚点，而这个锚点将和上一个锚点自动连接。此时，如果按住 Shift 键创建锚点，将强制以 45°角或 45°角的整数倍绘制路径；按住 Alt 键，当"钢笔工具"移动锚点时，将暂时把"钢笔工具"转换成"转换点工具"；按住 Ctrl 键，将暂时将"钢笔工具"转换成选框工具。

下面用一个实例讲解路径抠图的方法。

实例：运用路径工具抠图。

（1）在 Photoshop 中打开图 3-20 所示的示例图片。选择工具箱中的"钢笔工具"，在其选项栏中单击"路径"按钮 ▣，在需要抠取的图像边缘单击，绘制一个点，然后沿此图像边缘不断单击，以获取更多锚点，如图 3-21 所示。

图 3-20　示例图片

图 3-21　绘制路径

需要注意的是，在使用"钢笔工具"时，如果要绘制的是一条曲线，那么在曲线终点的位置单击时，不要马上松开鼠标，拖拽鼠标拉出一条方向线。调整控制柄的方向和长度，以使路径与图像边缘重合。为了使当前锚点的方向线不对下一条路径有影响，可以按住 Alt 键，把"钢笔工具"临时转换成"转换点工具"，并移动鼠标到当前锚点上单击，将一侧的方向线去掉，此时锚点是一个角点，然后松开 Alt 键，进行下一个锚点的选取。

（2）移动鼠标，并选取合适的锚点，在人物的边缘绘制一条完整的路径，如图 3 – 22 所示。如果发现某些锚点的位置或者曲线的曲度需要改变，可以使用"直接选择工具"  选中锚点进行更改。选择"路径"面板，如图 3 – 23 所示。

图 3 – 22　绘制完整路径　　　　　　　　图 3 – 23　"路径"面板

（3）单击"将路径作为选区载入"按钮 ⬭，将当前的路径转变为选区。效果如图 3 – 24 所示。此时人物就从背景当中被选取出来。最终效果如图 3 – 25 所示。

图 3 – 24　将路径作为选区载入　　　　　　图 3 – 25　最终效果

3.2.3　通道抠图

每个 Photoshop 图像都有一个或多个通道，每个通道中都存储着关于图像中颜色元素的信息。图像中的默认颜色通道数取决于图像的颜色模式。例如，一个 CMYK 图像至少有 4 个通道，分别代表青色、洋红、黄色和黑色信息。可将通道看成类似于印刷过程中的印版，即一个印版对应相应的颜色图层。除这些默认颜色通道外，也可以将称为 Alpha 通道的额外通道添加到图像中，以便将选区作为蒙版存储和编辑，并且可以添加专色通道从而为印刷添加专色印版。

在默认状态下，通道控制面板中显示的都是颜色通道，即一个混合通道和相应的颜色通道。单击混合通道将同时显示所有颜色通道，单击其中一个颜色通道，将只显示此通道的颜色，如图 3 – 26 所示。

图 3－26　只显示绿色通道的状态

　　只显示一个颜色通道时图像以黑白显示，如果要显示其应有的颜色，应该选择"编辑"→"预置"→"显示与光标"命令，在弹出的对话框中勾选"通道用原色显示"复选框，单击"好"按钮即可。

　　颜色通道的作用是保存图像的颜色信息。每个颜色通道对应保存图像的一种颜色，例如青色模式中的通道保存图像的青色信息，如果拖动青色通道至通道控制面板的删除通道按钮 上，CMYK 混合通道和青色通道都将被删除，整幅图像中也就没有青色了。

　　还有一种通道叫作 Alpha 通道，Alpha 通道和颜色通道有很大的区别，其主要功能是创建、保存及编辑选区。可以将 Alpha 通道看作一个没有颜色的灰色图像，因为在 Alpha 通道中可以使用从黑到白共 256 种灰度色，其中纯白色代表选区，纯黑色代表非选区。新建的 Alpha 通道通常只有黑色或白色，但当使用一定的方法利用相反的颜色绘图后，就可以得到相应的选区。选区也可以被转换成 Alpha 通道，从而利用绘图的手段对其进行编辑，产生新的选区。这里主要学习 Alpha 通道。

　　下面用一个实例来讲解如何运用 Alpha 通道来抠图。

　　实例：运用 Alpha 通道抠图。

　　（1）在 Photoshop 中打开图 3－27 所示的示例图片，然后打开"通道"面板，显示图片的颜色信息。一般来说，一幅 RGB 模式的图片包含 4 个通道，即 RGB 综合通道和红、绿、蓝 3 个单色通道，通道中的图像都以灰度显示，如图 3－28 所示。

图 3－27　示例图片　　　　　　　　图 3－28　"通道"面板

　　（2）分别单击红、绿、蓝 3 个通道，查看在哪个通道下人物主体与背景的对比度最大，然后单击此通道并拖拽到"创建新通道"按钮 ，新建一个名为"蓝副本"的 Alpha 通道，这里选择蓝通道，如图 3－29 所示。

（3）选择"图像"→"调整"→"色阶"命令（快捷键"Ctrl + L"），增加人物主体与背景的对比度，如图3－30所示。"色阶"主要用来调整图像的亮度，在后面图像的色彩处理部分会进一步讲解，这里不做赘述。

图3－29 新建"蓝副本"Alpha 通道

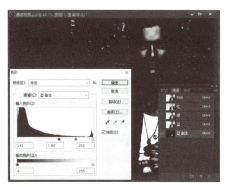

图3－30 调整色阶

（4）使用"画笔工具"，将前景色选为黑色，将人物中不够黑的地方抹黑，得到图3－31 所示效果。背景当中，不够白的地方使用白色的笔刷涂白，得到图3－32 所示效果。

图3－31 用黑色画笔涂抹人物主体

图3－32 用白色画笔涂抹背景

（5）在"通道"面板中单击"将通道作为选区载入"按钮，此时通道中会建立一个选区，选择的是图像当中的白色部分，如图3－33 所示。

（6）在保留选区的情况下，回到"图层"面板，双击背景图层，将此背景图层转换为普通图层，图层的名称自动改为"图层 0"，并显示出图像原有的颜色信息，如图3－34 所示。

图3－33 将通道作为选区载入

图3－34 将背景图层转换为普通图层

（7）选择"反选"命令（快捷键"Ctrl + Shift + I"），将选区反选，如图 3 – 35 所示。此时可以直接提取人物图像。

（8）在这里不利用选区直接提取人物，而使用蒙版。单击"图层"面板下的"添加图层蒙版"按钮，为图层添加蒙版，将图像从背景中抠取出来，如图 3 – 36 所示。

图 3 – 35　反选选区　　　　　　　　图 3 – 36　添加图层蒙版

（9）做完这一步之后，就可以将图片拖动到其他的图像中，最终的效果如图 3 – 37 所示。

图 3 – 37　最终效果

这里需要注意的是，添加图层蒙版之后，选区中的图像是保留下的内容，选区外的图像是隐藏透明的，所以在添加图层蒙版之前将选区反选，此时可以看到图层上多了一个图层蒙版缩略图，其中保留下的内容显示为白色，而抠取的内容显示为黑色。使用添加图层蒙版的方法的特点是原图层所有的信息能够保留下来，而不会被破坏，这是其他抠图方式无法做到的。

3.2.4　抽出滤镜

在图片的处理过程中，抠取细小的发丝或者其他细节除了使用通道抠图方法外，Photoshop还提供了比较简单的抠图方式。这里介绍 Photoshop 中的"抽出"命令。

"抽出"是 Photoshop 中内置的一个抠图滤镜，其英文名称叫作"Extract"。"抽出"滤镜为隔离前景对象并抹除它在图层上的背景提供了一种高级方法。即使对象的边缘细微、复杂或无法确定，利用抽出滤镜也无须太多操作就可以将其从背景中取出，它利用的是图像的色差原理。

实例：运用抽出滤镜抠图。

（1）在 Photoshop 中打开图 3－38 所示示例图片。

（2）在主菜单中选择"滤镜"→"抽出"命令（快捷键"Alt＋Ctrl＋X"），打开"抽出"对话框，在窗口的左边有工具栏，右边有参数选项，如图 3－39 所示。

图 3－38　示例图片　　　　　　　　　图 3－39　"抽出"对话框

（3）使用左上角的"边缘高光工具"，根据发丝边界的清晰程度，在右边的"画笔大小"下拉列表中选择粗细不同的笔触，勾出人物的轮廓，覆盖全部边缘，如图 3－40 所示。需要注意的是，画笔在画的过程中不能相交，线条与线条之间的边缘必须是有空隙的。

（4）画好整体轮廓后，使用左边的"填充工具"，在绿色画笔以内的任何区域单击一下，此时，已用蓝色填充了该区域，一般为默认颜色，如图 3－41 所示。

图 3－40　用"边缘高光工具"勾出人物的轮廓　　　图 3－41　用"填充工具"进行填充

（5）单击"预览"按钮，检查抠图效果。放大图像后发现头发及身体的边缘丢失了部分细节，需要修复，如图 3－42 所示。

（6）选取"边缘修饰工具"，沿着边缘拖动，可以修复图像的边缘，既可以去杂边，也可以恢复边界内被误删的区域，如图 3－43 所示。

图3-42 检查抠图效果

图3-43 用"边缘修饰工具"修饰图像边缘

（7）修复完毕，单击"好"按钮完成抠图并返回主程序，这样人物就从背景中被抠取出来，如图3-44所示。此时就可以将人物放置到其他背景图片中，得到最终的效果如图3-45所示。

图3-44 抠图效果

图3-45 最终效果

注释：为了在清除零散边缘时获得最佳效果，可以使用"抽出"对话框中的"清除工具"或"边缘修饰工具"，也可以使用工具箱中的"背景橡皮擦工具"和"历史记录画笔工具"在抽出后进行清除。

3.2.5 KnockOut 插件

KnockOut 2.0是一个功能强大的专业抠图软件，可以把有细节边缘的图像从背景中"抠"出来，例如羽毛、阴影、头发、烟雾、透明物体等。

KnockOut 2.0是以插件形式工作的，因此，在安装时一定要把目标文件夹设定为Photoshop的插件目录，如图3-46所示。

安装完成后，启动Photoshop，可以在"滤镜"菜单下找到KnockOut 2.0，单击即可运行。

实例：使用 KnockOut 2.0 抠图。

（1）启动Photoshop，打开KnockOut 2.0目录下的示例图片"dragonfly.tif"，如图3-47所示。复制背景图层（KnockOut 2.0不能对背景图层进行操作），如图3-48所示。选择"滤镜"→"KnockOut 2.0"→"Load Working Layer…"命令，启动KnockOut 2.0，如图3-49所示。

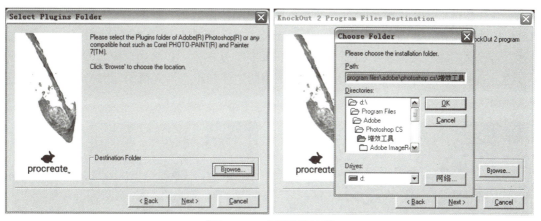

图 3 – 46 选择插件目录

图 3 – 47 示例图片

图 3 – 48 复制背景图层

图 3 – 49 KnockOut 2.0 主界面

（2）选择"内部选区工具" 🖉 ，把蜻蜓图像中不透明的部分描出一个大概的轮廓，注意不要背景颜色选进去，哪怕是一个像素也可能影响抠图效果，如图3－50所示。为了方便用户勾绘选区，KnockOut 2.0提供了一个放大镜工具，用户在勾绘选区时按L键即可调出。另外，可以在工具选项面板上勾选"Polyonal Mode"复选框，以多边形模式勾绘选区。

（3）选择"外部选区工具"，沿着蜻蜓图像的边缘勾出一个大概的轮廓，不必要求太精确，如图3－51所示。

图3－50　使用"内部选区工具"构建选区

图3－51　使用"外部选区工具"勾出蜻蜓的轮廓

（4）选区勾绘完毕，单击左下角的"Process"按钮，处理抠图。处理完成后，选择不同的背景颜色或者图像，用于衬托前景图像，以便于检查抠图有无缺陷。效果如图3－52所示。

（5）选择"File"→"Apply"命令，可以输出抠图到Photoshop中，抠图工作完成。Photoshop中的最终效果如图3－53所示。

图3－52　抠图效果

图3－53　最终效果

一般来说，矢量图形及边缘清晰的图像用"魔术棒工具"加上"套索工具"抠图最简单，选完可以进行羽化（快捷键"Ctrl＋Alt＋D"）。如果需要平滑的边缘，可以用"钢笔工具"抠图，然后转变为选区。稍微复杂一点的可以使用Photoshop的抽出命令。抠取头发可以使用通道制作Alpha通道。抠取透明物体及毛发等可以使用KonckOut插件。影楼抠人像一般有专门的小插件和录制好的动作。

3.3 图片色彩处理

调整图像色彩是处理图像的最主要的操作。对图像进行全面的协调整理，使图像的色彩形成比较合理的整体效果，这就是 Photoshop 学习的主要内容。本节介绍色彩调整知识以及图像色彩的处理技法。

要想调整好一幅图像的颜色，首先得具备一定的色彩知识。可能有一部分想学习 Photoshop 的读者，在这之前没有受过专门的色彩知识的培训，这不要紧，只要配合本节讲解的内容，从头学起，就会对色彩知识有一定的认识。随着知识的增多，相信读者会对图像色彩知识掌握得很好。在学习图像色彩调整之前，先了解一些色彩方面的基本知识，这有助于对图像色彩的正确理解，有助于调整出令人满意的图像色彩效果。

1. 色彩基础

首先了解色彩的相关术语。正确理解这些术语，在调整图像色彩时会方便许多。

1）色相

通俗地讲，色相就是色彩的相貌，也就是色彩给人们的感觉。例如，人们常说红花绿草，"红"和"绿"就是两种不同的色相。调整图像的色相，其实就是调整图像的颜色。

2）色调

色调是指各种色彩模式下图像颜色的明暗程度。在 Photoshop 中，色调的取值范围为 0~255，即共有 256 种色调。调整图像的色调，其实就是调整颜色的明暗程度。

3）对比度

对比度是指颜色的差异，包括色相对比度和色彩对比度，通过调整对比度，可以增强图像的层次感。

4）饱和度

饱和度是指颜色的彩度，也就是人们常说的颜色深浅度。调整图像的饱和度，其实就是调整图像颜色的彩度。

2. 图像的色彩模式与转换

图像的色彩模式是指图像颜色的属性，不同色彩模式的图像，其应用范围和颜色表现手法不同，因此，在进行图像效果处理时，应根据图像的应用范围，改变图像的色彩模式。"图像"→"模式"菜单下有一组命令，这些命令可以对图像的色彩模式进行转换，如图 3-54 所示。

下面详细介绍色彩模式。

（1）位图：在灰度模式条件下转换的一种图像模式，该模式使用两种颜色值（黑色或白色）之一表示图像。图 3-55 所示是将 RGB 图像转换为"位图"效果，必须先将 RGB 模式转换为"灰度"模式才可以进行转换。

图 3-54 "模式"菜单

图 3 - 55　将 RGB 图像转换为"位图"效果

（2）灰度：该模式使用多达 256 级的灰度。灰度图像中的每个像素都有一个 0（黑色）~ 255（白色）的亮度值。灰度值也可以用黑色油墨覆盖的百分比来度量（0% 等于白色，100% 等于黑色）。使用黑白或灰度扫描仪生成的图像通常以"灰度"模式显示，尽管灰度是标准颜色模型，但是它所表示的实际灰色范围仍因打印条件而不同。

位图图像和彩色图像都可转换为灰度模式。为了将彩色图像转换为高品质的灰度图像，Photoshop 中放弃原图像中的所有颜色信息，转换后的像素的灰阶（色度）表示原像素的亮度。图 3 - 56 所示是将 RGB 图像转换为灰度图像的效果。

图 3 - 56　将 RGB 图像转换为灰度图像的效果

（3）双色调：该模式通过 2 ~ 4 种自定义油墨创建双色调（2 种颜色）、三色调（3 种颜色）和四色调（4 种颜色）的灰度图像。

（4）索引颜色：如图 3 - 57 所示，该模式使用最多 256 种颜色。当转换为索引图像时，Photoshop 中将构建一个"颜色查找表"，用来存放并索引图像中的颜色。如果原图像中的某种颜色没有出现在该表中，那么 Photoshop 将选取现有颜色中最接近的一种或使用现有颜色模拟。通过限制调色表，索引颜色可以减小文件，同时保持视觉品质不变，例如用于多媒体动画或 Web 网页。在这种模式下只能进行有限的编辑。若要进一步编辑，应转换为 RGB 模式。

（5）RGB 颜色：如图 3 - 58 所示，Photoshop 中的 RGB 模式使用 RGB 模型，为彩色图像中每个像素的 RGB 分量指定一个介于 0（黑色）~ 255（白色）之间的强度值。如：亮红色可能 R 值为 246，G 值为 20，B 值为 50。当所有这 3 个分量的值都相等时，结果是中性灰色；当所有这 3 个分量的值均为 255 时，结果是纯白色；当所有这 3 个分量的值均为 0 时，结果是纯黑色。

图 3 - 57　索引模式　　　　　　　　　　图 3 - 58　RGB 模式

RGB 图像通过 3 种颜色或通道可以在屏幕上重新生成多达 1 670 万种颜色。这 3 个通道转换为每像素 24（8×3）位的颜色信息（在 16 位/通道的图像中，这些通道转换为每像素 48 位的颜色信息，具有再现更多颜色的能力）。新建的 Photoshop 7.0 图像的默认模式为 RGB，计算机显示器以 RGB 模型显示颜色。这意味着当在非 RGB 模式下进行屏幕显示时，尽管 RGB 是标准颜色模型，但是所表示的实际颜色范围仍因应用程序或显示设备而不同。Photoshop 中的 RGB 模式随"颜色设置"对话框中指定的工作空间的设置而变化。

（6）CMYK 颜色：如图 3 - 59 所示，在 Photoshop 的 CMYK 模式下，为每个像素的每种印刷油墨指定一个百分比值。为最亮（高光）颜色指定的百分比值较小，为较暗（暗调）颜色指定的百分比值较大。例如，亮红色可能包含 2% 青色、93% 洋红、90% 黄色和 0% 黑色。在 CMYK 图像中，当 4 种分量的值均为 0% 时，就会产生纯白色。在用印刷色打印图像时，应使用 CMYK 模式。将 RGB 图像转换为 CMYK 图像即产生分色。如果由 RGB 图像开始，最好先编辑，然后再转换为 CMYK 图像。也可以使用 CMYK 模式直接处理从高档系统扫描或导入的 CMYK 图像。尽管 CMYK 是标准颜色模型，但是其准确的颜色范围随印刷和打印条件而变化。

（7）Lab 颜色：如图 3 - 60 所示，在 Photoshop 的 Lab 模式下，亮度分量（L）的范围是 0～100，a 分量（绿 - 红轴）和 b 分量（蓝 - 黄轴）的范围是 +120～-120。可以使用 Lab 模式处理 Photo - CD 图像，独立编辑图像中的亮度和颜色值，在不同系统之间移动图像并将其打印到 PostScript Level 2 和 Level 3 打印机。要将 Lab 图像打印到其他彩色 PostScript 设备，应首先将其转换为 CMYK 图像。Lab 颜色是 Photoshop 在不同颜色模式之间转换时使用的中间颜色模式。

图 3 - 59　CMYK 模式　　　　　　　　　图 3 - 60　Lab 模式

（8）多通道颜色：该模式的每个通道使用 256 级灰度。多通道图像对于特殊打印非常有用，例如转换双色调以 ScitexCT 格式打印。下列原则适用于将图像转换为多通道模式。

原图像中的通道在转换后的图像中成为专色通道。

将颜色图像转换为多通道图像时，新的灰度信息基于每个通道中像素的颜色值。

将 CMYK 图像转换为多通道图像可以创建青色、洋红、黄色和黑色专色通道。

将 RGB 图像转换为多通道图像可以创建青色、洋红和黄色通道（图 3 –61）。

图 3 –61　RGB 模式转换为多通道模式

从 RGB、CMYK 或 Lab 图像中删除通道，可以自动将图像转换为多通道模式。

如果要输出多通道图像，请以 Photoshop DCS 2.0 格式存储图像。

3. 图片色彩处理

在平面设计软件中，Photoshop 的图像调整功能是首屈一指的，目前还没有任何一个软件能与其媲美。Photoshop 的色彩调整的命令如图 3 –62 所示。

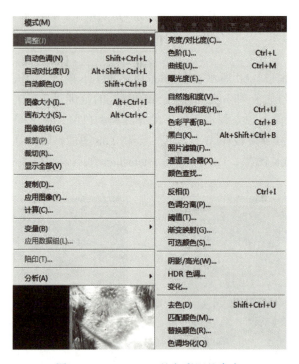

图 3 –62　Photoshop 的色彩调整命令

综合应用这些色彩调整命令，可以对图像的对比度进行调整；改变图像中像素值的分布；调整图像的色彩平衡度；在一定精度范围内调整色调；对图像中的特定颜色进行修改。下面分别对这些命令进行说明。

1. 曲线

Photoshop 虽然提供了众多色彩调整命令，但实际上最为基础、最为常用的是"曲线"命令。其他的如"亮度/对比度""色阶"等，都是由此派生出来的。因此，理解了"曲线"命令，就能触类旁通其他很多色彩调整命令。

使用"曲线"命令，可以精确调整图像的明亮对比度，它以曲线的形式调整 0~255 像素范围内的任何一个像素点，通过对曲线形状的编辑可以产生各种颜色效果。选择"图像"→"调整"→"曲线"命令（快捷键"Ctrl + M"），弹出"曲线"对话框，如图 3-63 所示。

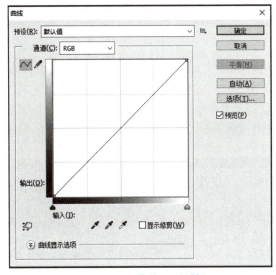

图 3-63 "曲线"对话框

在"通道"下拉列表中可以选择不同的颜色通道进行色彩校正。

在曲线图中，水平轴表示像素原来的亮度值，与"输入"值相对应；垂直轴表示调整后的亮度值，与"输出"值相对应。

将鼠标移动到曲线窗口中，在曲线上单击，可以添加一个调节点，拖拽该调节点，可以调整图像中该范围内的亮度值。在曲线上最多可以添加 14 个调节点。

用鼠标拖拽某个调节点至曲线图以外，可以删除该调节点，但是曲线的两个端点不允许删除。

[实例讲解]

在 Photoshop 中打开图 3-64 所示示例图片，由于这是数码相机拍摄的照片，因此图像的层次区分不够，高光不够亮，暗调不够暗。通过对图像亮度的观察可以发现，近处的山体属于暗调区域，天空和湖水中反光的地方属于高光区域，远处的山体和湖水属于中间调区域。现在将此图片调成夕阳西下的情景，增加图片中的色彩层次。

（1）选择"图像"→"调整"→"曲线"命令（快捷键"Ctrl + M"），将弹出图 3-63 所示对话框，其中有一条呈 45°的线段，这就是"曲线"。注意最上方有一个"通道"下拉列表，默认情况下为 RGB 通道。

图 3 - 64 示例图片

（2）曲线线段左下角的端点代表暗调，右上角的端点代表高光，中间的过度代表中间调。在线段中间单击的时候，会产生一个调节点，可以进行上下的移动，由于要将整幅图像调整成为傍晚时分的样子，因此在中间调的部分单击产生一个调节点，然后向下移动，将画面的整体亮度降低，如图 3 - 65 所示。

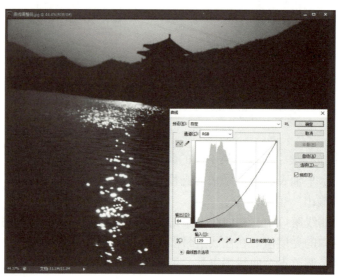

图 3 - 65 调整整体亮度

（3）傍晚时分的天空应该是金黄色的，天空属于高光部分，而金黄色是由红色加上黄色混合而成的。在"通道"下拉列表中选择"红通道"，在高光部分单击选取最右边的端点，向左移动，对应"输入"文本框中的数值为 222 时停止移动，表明原本红通道内亮度级别为 222 之后的所有像素点全部提升到 255 的亮度级别，高光区域偏红。

但是在提升高光区域的亮度的同时，中间调的亮度也跟着提升了，湖水和远山也跟着偏红，因此需要回复到原来的颜色状态。在曲线中间的位置单击，产生一个调节点，向下移动到中间点的位置，如图 3 - 66 所示。

图 3-66　红通道的亮度

（4）以同样的原理，选择"蓝通道"，将高光区域的端点向下移动，对应"输出"文本框中的数值为158，由于高光区域蓝色降低，由此显示出蓝色的相反色黄色。

由于中间调的部分亮度也跟着降低，画面偏黄，因此要将中间调的亮度恢复到原来的状态，相关调整如图 3-67 所示。

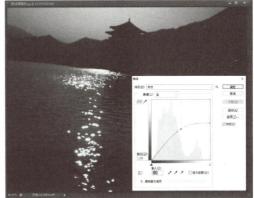

图 3-67　调整蓝通道的亮度

（5）调整完毕的最终效果如图 3-68 所示。

图 3-68　最终效果

2. 色阶

"色阶"命令主要用于调节图像的明度。用色阶来调节明度，图形的对比度、饱和度损失比较小，而且调整色阶时可以输入数字，对明度进行精确的设定。"色阶"命令属于"曲线"命令的一个分支功能。

启动 Photoshop，打开一幅图像，在主菜单中选择"图像"→"调整"→"色阶"命令（快捷键"Ctrl + L"），打开"色阶"对话框，如图 3 – 69 所示。

（1）通道：选择要进行色彩校正的颜色通道。

（2）输入色阶：3 个数值框分别对应明暗分布图下的 3 个三角形滑块，通过它们可以调整图像的暗调、中间调和高光区的亮度，可以直接在数值框中输入数值，也可以拖动三角形滑块进行颜色亮度的调整。

（3）输出色阶：两个数值框分别对应亮度渐变条下的 2 个三角形滑块，通过它们可以调整图像中颜色的亮度值。

"色阶"对话框的右侧有 3 个吸管，分别为黑色吸管、灰色吸管和白色吸管，使用其中任何一个吸管在图像中单击，都将改变

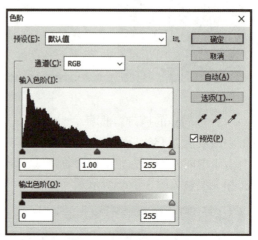

图 3 – 69　"色阶"对话框

"输入色阶"的值，用这种方法可以改变图像的色彩范围，如图 3 – 70 所示。

图 3 – 70　使用"色阶"命令调整

3. 色相/饱和度

"色相/饱和度"命令是以色相、饱和度和明度为基础，对图像进行色彩校正。它既可以作用于综合通道，也可以作用于单一的通道，还可以为图像染色。它还可以通过给像素指定新的色相和饱和度，实现给灰色图像上色彩的功能，因此是一种最常用的图像色彩校正命令。选择菜单栏中的"图像"→"调整"→"色相/饱和度"命令（快捷键"Ctrl + U"），打开"色相/饱和度"对话框，如图 3 – 71 所示。

在下拉列表中选择需要调整的颜色，如图 3 – 72 所示。分别调整"色相"（范围：– 180 ~ 180）、"饱和度"（范围：– 180 ~ 180）和"明度"（范围：– 100 ~ 100）的值，可以达到色彩校正目的。勾选"着色"复选框，可以为灰度图进行着色。

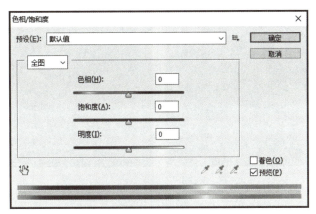

图3-71　"色相/饱和度"对话框

图3-72　使用"色相/饱和度"命令调整

4. 色彩平衡

"色彩平衡"命令会在彩色图像中改变颜色的混合状态，从而使整体图像的色彩平衡。虽然"曲线"命令也可以实现此功能，但"色彩平衡"命令使用起来更方便、更快捷。由于它只能对图像进行一般化的色彩校正，所以是一种不常用的调色命令。选择菜单栏中的"图像"→"调整"→"色彩平衡"命令（快捷键"Ctrl＋B"），打开"色彩平衡"对话框，如图3-73所示。

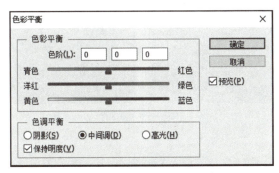

图3-73　"色彩平衡"对话框

"色阶"数值框与其下方的3个三角形滑块相对应，用于调整图像的色彩，当滑块靠左边时，颜色接近 CMYK 模式，反之，颜色接近 RGB 模式，如图3-74所示。

图 3 - 74　使用"色彩平衡"命令调整

　　"阴影""中间调"和"高光"3 个选项用于控制不同的色调范围，在进行图像色彩调整时，应首先调整图像的暗调区域，再调整中间调区域，最后调整高光区域。勾选"保持明度"复选框，可以保证在调整图像色彩时图像的明度不受影响。

5. 可选颜色

　　"可选颜色"命令通过在图像中调节印刷四分色（即 C、M、Y、K）油墨的百分比来校正图像色彩。选择菜单栏中的"图像"→"调整"→"可选颜色"命令，打开"可选颜色"对话框，如图 3 - 75 所示。

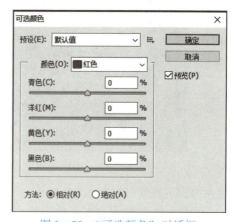

图 3 - 75　"可选颜色"对话框

　　在"颜色"下拉列表中，可以选择所需要编辑的某种颜色。拖动对话框中的三角形滑块，或直接在数值框中输入相应的数值，可以校正所选择的颜色。在"方法"选项组中，"相对"表示按照相对百分比调整颜色；"绝对"表示按照绝对百分比调整颜色，如图 3 - 76 所示。

图 3 - 76　使用"可选颜色"命令调整

6. 替换颜色

　　使用"替换颜色"命令，可以很轻松地将图像中较复杂的颜色使用其他颜色替换。该命令相当于"颜色范围"命令与"色相/饱和度"命令的合成效果。实际上，它的操作结果与先使用"颜色范围"命令选择颜色区域后，再使用"色相/饱和度"命令进行色彩校正是完全一样的。

选择菜单栏中的"图像"→"调整"→"替换颜色"命令，打开"替换颜色"对话框，如图3-77所示。

其使用方法如下。

选择3个吸管工具，在图像中需要调整的颜色区域内单击可以选择颜色范围。

"颜色容差"：设置选择颜色的容差范围，容差越大，调整的范围越大；反之，调整的范围越小。

选区：单击此单选按钮，在其预览窗口中，可以看到被选择的颜色以高亮白色显示，未被选择的颜色以黑色显示，这样有利于观察所要调整的图像范围。

图像：单击此单选按钮，在预览窗口中只能看到原图像，有利于观察图像的选择范围。

替换：用来调整颜色的色相、饱和度以及明度。

用"替换颜色"命令调整的图像效果如图3-78所示。

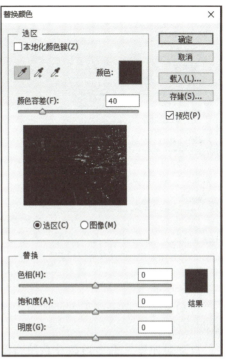

图3-77 "替换颜色"对话框

图3-78 使用"替换颜色"命令调整

7. 通道混合器

"通道混合器"命令主要是使用当前颜色通道的混合来修改颜色通道。使用这个命令，可以进行创造性的颜色调整，或者创建高品质的灰度图像等。选择菜单栏中的"图像"→"调整"→"通道混合器"命令，打开"通道混合器"对话框，如图3-79所示。

在"通道混合器"对话框中的"输出通道"下拉列表中，可以选择要调整的色彩通道。对RGB图像作用时，该下拉列表显示红、绿、蓝三原色通道；对CMYK图像作用时，则显示青色、洋红、黄、黑4个色彩通道，如图3-80所示。

在"源通道"选项组中，可以调整各原色的值。对于RGB图像，可调整"红色""绿色"和"蓝色"3根滑杆，或在文本框中输入数值。在对话框中还有一根"常数"滑杆，拖动此滑杆上的滑标或在文本框中输入数值（范围：-200~200）可以改变当前指定通道的不透明度。此数值为负值时，通道的颜色偏向黑色；为正值时，通道的颜色偏向白色。勾选对话框最底部的"单色"复选框，可以将彩色图像变成灰度图像。

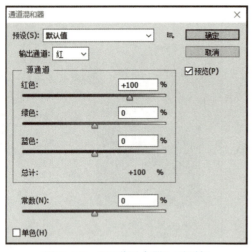

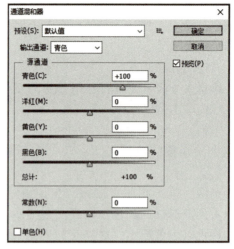

图 3-79　"通道混合器"对话框　　　　　　　图 3-80　"输出通道"选项

8. 其他命令

"自动色阶"命令能很方便地对图像中不正常的高光或阴影区域进行初步处理，达到调整亮度的目的。

"自动对比度"命令可以让系统自动地调整图像亮部和暗部的对比度，将较暗的部分变得更暗，较亮的部分变得更亮。

"自动颜色"命令可以让系统自动对图像进行颜色校正。如果图像有偏色或者饱和度过高，均可使用该命令进行自动调整。

"去色"命令的主要作用是去除图像中的饱和色彩，将彩色图像转化为灰度图像。

"渐变映射"命令的主要功能是将预设的几种渐变模式作用于图像。

"反相"命令可以将像素的颜色改变为它的互补色，该命令是唯一不损失图像色彩信息的变换命令。

"色调均化"命令会重新分配图像像素亮度值，以更平均地分配整个图像的亮度色调。

"阈值"命令可以将一幅彩色图像或灰度图像转换成只有黑、白两种色调的高对比度黑白图像。

"色调分离"命令可以指定图像中每个通道的亮度值的数目，然后将这些像素映射为最接近的匹配色调。

"照片滤镜"命令的作用类似于摄影时给镜头加上有色滤镜，以营造不同的色温需求，比如在白天拍摄出夜晚的效果，将阴天效果处理成阳光明媚的效果。

"变化"命令可以让用户很直观地调整色彩平衡、对比度和饱和度。

3.4　图片特效处理

Photoshop 不仅可以对图像进行修复和润饰，还可以在进行图像处理时结合滤镜命令，制作出各具特色的图像作品。Photoshop 中的滤镜来源于摄影中的滤光镜，应用滤镜可以改进图像和产生特殊效果。很多滤镜都被用来添加特殊效果、处理透视或调整作品材质的外观。

在 Photoshop 中，所有滤镜按照类别分别放置于"滤镜"菜单中，使用时只需要选择"滤镜"菜单中相应的滤镜命令即可。滤镜的使用可以说是一种比较细致的操作，首先要得到精确的区域，再在参数设置对话框中设置精确的参数才能达到最好的效果。

在 Photoshop 中，还可以使用第三方厂商提供的外挂滤镜。外挂滤镜很多，目前比较好而且比较流行的是 KPT（Kai's Power Tools）、Eye Candy 等。安装这些外挂滤镜之后，它们就会显示在"滤镜"菜单中，可以像使用内置滤镜一样使用它们。

3.4.1 Photoshop 内置滤镜介绍

1. "风格化"滤镜组

"风格化"滤镜组通过置换像素、查找和增加图像的对比度，在整幅图像或选择区域中产生一种绘画式或印象派艺术效果。

该滤镜组中包括"凸出""扩散""拼贴""曝光过度""查找边缘""浮雕效果""照亮边缘""等高线"和"风"等滤镜。

"浮雕效果"滤镜主要用来产生浮雕效果，它将图像的填充色转换为灰色，并用原填充色描画边缘，从而使图像显得凸起或压低，如图 3-81 所示。

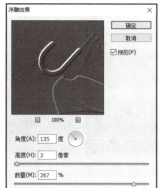

图 3-81 "浮雕效果"滤镜效果及相关参数设置

"查找边缘"滤镜主要用来搜索颜色像素对比度变化剧烈的边界，将高反差区域变成亮色，将低反差区域变暗，其他区域则介于二者之间；将硬边变为线条，将柔边变粗，形成一个厚实的轮廓，如图 3-82 所示。

图 3-82 "查找边缘"滤镜效果

"照亮边缘"滤镜能够使图像产生明亮的轮廓线,从而产生一种类似于霓虹灯的亮光效果。该滤镜擅长处理带有文字的图像,如图3-83所示。

图3-83 "照亮边缘"滤镜效果

2. "画笔描边"滤镜组

"画笔描边"滤镜组是使用不同的画笔和油墨笔触效果产生绘画式或精美艺术的外观。其中一些滤镜为图像增加了颗粒、绘画、杂色、边缘细节或纹理,以得到点状化效果。应当注意的是,这组滤镜都不支持CMYK模式和Lab模式的图像。

该滤镜组包括"喷溅"滤镜、"喷色描边"滤镜、"墨水轮廓"滤镜、"强化的边缘"滤镜、"成角的线条"滤镜、"深色线条"滤镜、"烟灰墨"滤镜和"阴影线"滤镜。

"喷溅"滤镜可以产生在画面上喷洒水后形成的效果,或一种被雨水淋湿的视觉效果。在其对话框中,可以通过设定"喷色半径"和"平滑度"来确定喷射效果的轻重。其效果如图3-84所示,相关参数设置如图3-85所示。

图3-84 "喷溅"滤镜效果

图3-85 "喷溅"滤镜相关参数设置

"深色线条"滤镜可在图像中用短的、密的线条绘制与黑色接近的深色区域，用长的、白色的线条绘制图像中颜色较浅的区域，从而产生强烈的黑白对比效果。利用其对话框可以设定亮暗对比为"平衡""黑色强度""白色强度"。其效果如图 3 -86 所示，相关参数设置如图 3 -87 所示。

图 3 -86　"深色线条"滤镜效果

图 3 -87　"深色线条"滤镜相关参数设置

3. "模糊"滤镜组

"模糊"滤镜组的主要作用是降低相邻像素间的对比度，达到柔化图像的效果。它主要通过对颜色变化较强区域的像素使用平均化的手段达到模糊的效果。

该滤镜组包括"动感模糊"滤镜、"平均"滤镜、"径向模糊"滤镜、"模糊"滤镜、"特殊模糊"滤镜、"进一步模糊"滤镜、"镜头"滤镜和"高斯"滤镜。

"动感模糊"滤镜通过在某一方向对像素进行线性位移，从而产生沿某一方向运动的模糊效果，其结果就好像拍摄处于运动状态物体的照片。该滤镜的对话框中有两个选项："角度"和"距离"。"角度"用于控制动感模糊的方向，即产生往哪一个方向的运动效果；在"距离"编辑框中可设定像素移动的距离。该滤镜效果如图 3 -88 所示（在应用时可以使用选区只对车子以外的图像执行"动感模糊"命令）。

 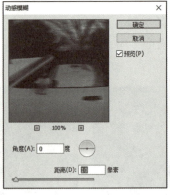 

图 3-88　"动感模糊"滤镜效果

　　"径向模糊"滤镜能够产生旋转模糊效果，模拟前后移动或旋转相机效果。选择该滤镜时，系统将打开"径向模糊"对话框，如图 3-89 所示。在"径向模糊"对话框中，"数量"选项定义模糊的强度；"模糊方法"有"旋转"和"缩放"两种方式，分别对应产生旋转模糊效果和放射状模糊效果；"品质"用于设定"径向模糊"滤镜处理图像的质量；"中心模糊"用于设定模糊中心的位置。

　　图 3-91 和图 3-92 是对图 3-90 所示素材分别使用"旋转"和"缩放"方式时产生的效果。

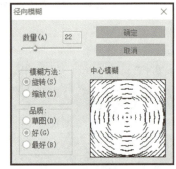

图 3-89　"径向模糊"对话框

图 3-90　素材

图 3-91　使用"旋转"方式

4. "扭曲"滤镜组

　　"扭曲"滤镜组可以对图像进行几何变形或其他变形以及为图像创建三维效果。这些扭曲滤镜比如非正常拉伸、波纹等，能产生模拟水波、镜面反射、哈哈镜等的效果。

　　值得注意的是，这些滤镜会占用较多内存，影响计算机运行的速度。

　　该滤镜组包括"扩散亮光"滤镜、"置换"滤镜、"玻璃"滤镜、"海洋波纹"滤镜、"挤压"滤镜、"极坐标"滤镜、"波纹"滤镜、

图 3-92　使用"缩放"方式

"切变"滤镜、"球面化"滤镜、"旋转扭曲"滤镜、"波浪"滤镜和"水波"滤镜。

"玻璃"滤镜能够模拟透过玻璃观看图像的效果，并且能够根据用户所选用的玻璃纹理产生不同的变形。当应用"块状"纹理时，该滤镜效果如图3-93所示。

图3-93 "玻璃"滤镜效果

"球面化"滤镜可以将整个图像或选取范围内的图像向内或向外挤压，产生一种球面挤压的效果。在其对话框中，"数量"选项用于控制挤压的方向，取正值时为向内凹陷，取负值时为向外凸出。该滤镜效果如图3-94所示。

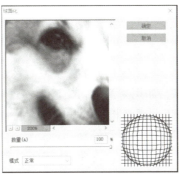

图3-94 "球面化"滤镜效果

5. "素描"滤镜组

"素描"滤镜组主要用来模拟素描、速写手工等艺术效果。使用该滤镜组可以制作出类似手绘的作品，还可以为图像增加纹理，并常用于制作三维效果。该滤镜组中的许多滤镜都是使用前景色或背景色作为图像变化的主要颜色。

该滤镜组包括"基底凸现"滤镜、"粉笔和炭笔"滤镜、"炭笔"滤镜、"铬黄"滤镜、"炭精笔"滤镜、"绘图笔"滤镜、"半调图案"滤镜、"便条纸"滤镜、"影印"滤镜、"塑料效果"滤镜、"网状"滤镜、"图章"滤镜、"撕边"滤镜和"水彩画纸"滤镜。

"基底凸现"滤镜能够产生一种粗糙、类似浮雕且用光线照射强调表面变化的效果。在图像较暗区域使用前景色，在较亮区域使用背景色。使用该滤镜后，图像中只存在黑、灰、白三色。该滤镜效果如图3-95所示。

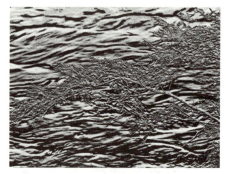

图 3-95 "基底凸现"滤镜效果

限于篇幅，其他滤镜不在此多做介绍，下面仅将不同滤镜组所实现的不同效果进行简单的介绍。

"纹理"滤镜组：可以制作出多材质肌理，产生类似天然材料的表面效果。

"艺术效果"滤镜组：可以产生油画、铅笔画、水彩画、粉笔画和水粉画等各种不同的艺术效果。它更多的时候用来处理计算机绘制的图像，隐藏计算机加工图像的痕迹，使图像看起来更贴近人工创作的效果。需要注意的是，这组滤镜只能在 RGB 模式和灰度模式下使用。

"渲染"滤镜组：该滤镜组在图像中创建三维形状、云彩图案、折射图案和模拟光线反射，还可以在三维空间中操纵对象、创建三维对象（立方体、球体和圆柱），并从灰度文件中创建纹理填充，以制作类似三维的光照效果。

"像素化"滤镜组：该滤镜组主要用来将图像分块或将图像平面化，它常常会使原图像面目全非。

"杂色"滤镜组：在该组滤镜中，除了"添加杂色"滤镜用于增加图像中的杂点外，其他滤镜均用于去除图像中的杂点，如用来消除扫描输入的图像中的斑点和折痕。

"锐化"滤镜组：该滤镜组通过增强相邻像素间的对比度来减弱或消除图像的模糊。其可以用来处理摄影及扫描等原因造成的图像模糊。

"视频"滤镜组：该滤镜组输入 Photoshop 的外部接口程序，用来从摄像机输入图像或将图像输出到录像带上，主要用来解决与视频图像交换时的系统差异问题。

3.4.2 滤镜实例讲解

经过前面对滤镜的介绍，相信读者对于滤镜已有一定的了解。下面对这些滤镜的实际应用进行介绍。

1. 简单水效果

本例中主要用到"分层云彩"滤镜、"高斯模糊"滤镜、"径向模糊"滤镜、"基底凸现"滤镜、"铬黄"滤镜以及"色相/饱和度"命令。

操作步骤如下。

（1）执行"文件"→"新建"命令（快捷键"Ctrl + N"），新建一个图像文件，设置大小为 800 像素 ×600 像素，色彩模式为 RGB，背景色为白色，前景色为默认的黑白色（快捷键 D）。

（2）执行"滤镜"→"渲染"→"分层云彩"命令，为图像增加云状效果，如图 3 - 96 所示。

（3）执行"滤镜"→"模糊"→"高斯模糊"命令，对图像进行高斯模糊，在图 3 - 97 所示对话框中设置半径为 10 像素。效果如图 3 - 98 所示。

（4）执行"滤镜"→"模糊"→"径向模糊"命令，设置参数如图 3 - 99 所示，效果如图 3 - 100 所示。

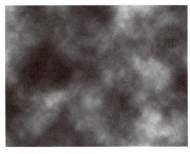

图 3 - 96　云彩效果

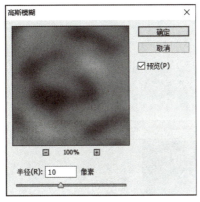

图 3 - 97　"高斯模糊"对话框

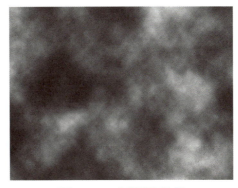

图 3 - 98　高斯模糊效果

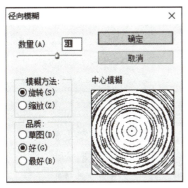

图 3 - 99　"径向模糊"对话框

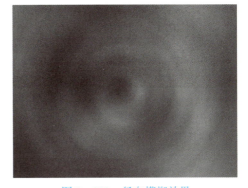

图 3 - 100　径向模糊效果

（5）执行"滤镜"→"素描"→"基底凸现"命令，显示图 3 - 101 所示对话框，参数设置为——细节：13；平滑度：2；光照：下。效果如图 3 - 102 所示。

（6）执行"滤镜"→"素描"→"铬黄"命令，在图 3 - 103 所示对话框中进行如下设置——细节：4；平滑度：7。效果如图 3 - 104 所示。

（7）执行"图像"→"调整"→"色相/饱和度"命令（快捷键"Ctrl + U"），打开图 3 - 105 所示对话框，勾选"着色"复选框，给图像上色。

（8）最终效果如图 3 - 106 所示。

2. 制作冰雪字

本例中主要用到"添加杂色"滤镜、"高斯模糊"滤镜、"晶格化"滤镜、"风"滤镜以及"渐变映射"命令。

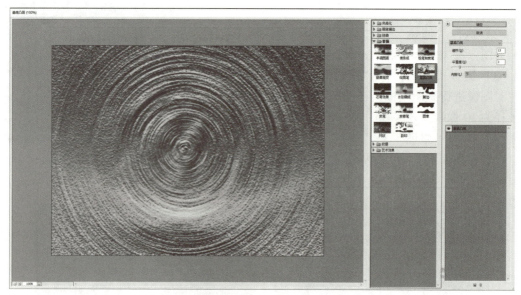

图 3 – 101　"基底凸现"对话框

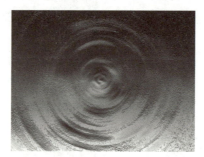

图 3 – 102　基底凸现效果

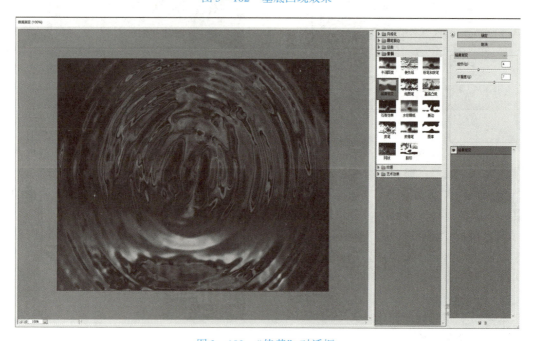

图 3 – 103　"铬黄"对话框

图 3 - 104 铬黄效果

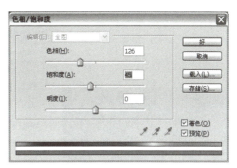

图 3 - 105 "色相/饱和度"对话框

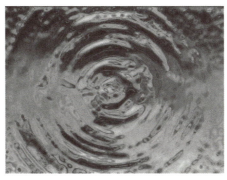

图 3 - 106 最终效果

操作步骤如下。

（1）新建一个 400 像素×280 像素的文件，并将背景填充为黑色，如图 3 - 107 所示。

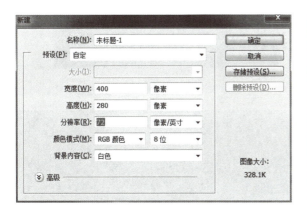

图 3 - 107 新建文件

（2）新建一个文字图层。输入白色的文字"冰雪字"，将字体改为"华文新魏""斜体"，将文字图层栅格化，如图 3 - 108 所示。

（3）在选中当前"冰雪字"图层的情况下，执行"滤镜"→"杂色"→"添加杂色"命令，打开"添加杂色"对话框，参数设置如图 3 - 109 所示，得到图 3 - 110 所示结果。

（4）执行"滤镜"→"像素化"→"晶格化"命令，打开"晶格化"对话框，参数设置如图 3 - 111 所示，得到图 3 - 112 所示结果。

图3-108　新建文字图层并栅格化

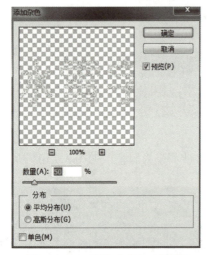

图3-109　"添加杂色"对话框

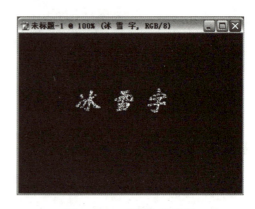

图3-110　添加杂色效果

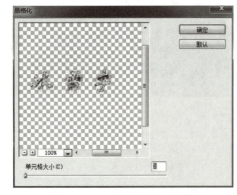

图3-111　"晶格化"对话框

图3-112　晶格化效果

　　(5)执行"图像"→"旋转画布"→"90度(顺时针)"命令,如图3-113所示,执行"滤镜"→"模糊"→"高斯模糊"命令,打开"高斯模糊"对话框,参数设置如图3-114所示,得到图3-115所示结果。

图 3 – 113 旋转画布效果

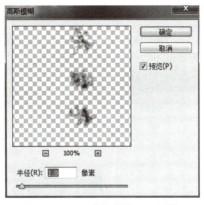
图 3 – 114 "高斯模糊"对话框

图 3 – 115 高斯模糊效果

（6）执行"滤镜"→"风格化"→"风"命令，参数设置如图 3 – 116 所示，并执行"图像"→"旋转画布"→"90 度（逆时针）"命令，将画布旋转回去，如图 3 – 117 所示。

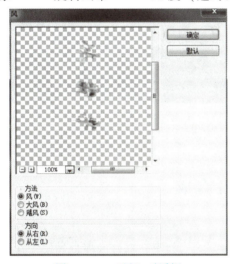
图 3 –116 "风"对话框

图 3 – 117 风滤镜效果

（7）在图层面板中，建立一个"渐变映射"调整层，如图 3 – 118 所示。此时弹出"渐变映射"对话框，如图 3 – 119 所示。

图 3 – 118 添加"渐变映射"调整层

图 3 – 119 "渐变映射"对话框

（8）双击"点按可编辑渐变"渐变色条，弹出"渐变编辑器"对话框，设置一条从蓝到白的渐变颜色，如图 3 – 120 所示。单击"好"按钮，并将图层的混合模式改为"正片叠底"，最终效果如图 3 – 121 所示。

图 3 – 120　设置渐变颜色　　　　　　　　　　图 3 – 121　最终效果

3.5　图片合成

图片合成，顾名思义，就是将几张图片组合在一起，并得到良好的视觉效果。在 Photoshop 中，图片合成主要涉及图层、蒙版以及通道等方面的知识。在前面的学习过程中，已经涉及了这当中的部分概念。本节对这些知识进行更进一步的讲解。

图层相关知识

1. 图层的概念

可以把图层看作一张张叠加在一起的透明的纸，可以分别在每张纸上画图。对所画的图有什么地方不满意，可以随时进行擦除、遮盖、修改，而不会影响其他纸上的图。这种构造就是 Photoshop 图层的基本原理，这也是在计算机图形软件中画图与用手在纸上画图的最大区别。

2. "图层"面板

图层的显示和操作都集中在"图层"面板中，执行"窗口"→"图层"命令（快捷键F7），弹出"图层"面板。此时"图层"面板显示当前操作文件的图层状态，如果未打开任何图像文件，"图层"面板呈灰度显示，如图 3 – 122 所示。

（1）在"混合模式"下拉列表 正常 中可以选择相应选项以设置当前图层的混合模式。

图 3 – 122　"图层"面板

（2）在"不透明度"数值框 不透明度: 100% ► 中输入数值可以设置当前图层的不透明度。

（3）单击"锁定"栏 锁定: ⊠ ✔ ✛ 🔒 中的各个按钮可以锁定图层的透明像素、图像像素、移动位置和所有属性。

（4）在"填充"数值框 填充: 100% ► 中输入数值可以设置在图层中绘制笔划的不透明度。

（5）每一个图层最左侧的眼睛图标 👁 用于标志当前图像是否处于显示状态。如果单击此图标使其消失，则可以隐藏图层中的内容；再次单击眼睛图标区域，可再次显示眼睛图标及图层中的图像。

（6）眼睛图标右侧的画笔图标 ✍ 用于标记当前选择的编辑图层。

（7）单击"图层"面板下面的添加图层样式按钮 𝑓 ，在弹出的下拉列表中选择一种样式，可以为当前图层添加相应的样式效果。

（8）单击添加蒙版按钮 ◙ ，可以为当前操作图层添加蒙版。

（9）单击新图层组按钮 📁 ，可以创建一个图层组。

（10）单击调整图层按钮 ◕ ，可以在当前图层的上面添加一个调整图层。

（11）单击新建图层按钮 🖺 ，可以在当前图层的上面创建一个新图层。

（12）单击删除图层按钮 🗑 ，可以删除当前选择的图层。

3. 图层的编辑

1）新建图层

在 Photoshop 中创建图层的方法很多，在此重点讲解其中最常用的命令和方法。

（1）所有创建图层的操作方法中，应用最频繁的方法是单击"图层"面板下面的新建图层按钮 🖺 ，直接在当前操作图层的上面创建一个新图层，并按创建的顺序命名为"图层1""图层2"……，依此类推。

（2）若要设置新建图层的属性，可执行"图层"→"新建"→"图层"命令或按住 Alt 键单击新建图层按钮 🖺 ，在弹出的"新建"对话框中进行设置并确认即可。

（3）另外一种常用的创建新图层的方法是通过当前存在的选区创建新图层，即在当前图层存在选区的情况下，执行"图层"→"新建"→"通过复制的图层"命令将当前选区中的内容复制至一个新图层中。也可以执行"图层"→"新建"→"通过剪切的图层"命令将当前选择区中的内容剪切至一个新图层中。

2）移动图层

对于一幅图像而言，图像内容重叠时的显示效果与图层的位置有密切的关系。上层图层中的图像总是遮盖下一图层中的图像，因此在处理上层图层中的图像时必须考虑到它将对下层图像起到的遮盖效果。

通过在"图层"面板中改变图层的位置可以改变图层间的层叠关系。在"图层"面板中向上或向下拖动要移动的图层可以改变图层中图像的显示效果，如图 3–123 所示。

（a）

（b）

图 3–123　移动图层操作示例

（a）各图层效果以及在"图层"面板中的位置；（b）变换图层位置后的效果

3）复制图层

通过复制图层可以复制图层中的图像。在 Photoshop 中，不但可以在同一图像中复制图层，还可以在两个图像间相互复制图层。

（1）要在同一图像内复制图层，可以直接将要复制的图层拖至"图层"面板下面的新建图层按钮 ；或选择要复制的图层为当前操作层，然后选择"图层"面板弹出菜单中的复制图层命令，并设置弹出对话框中的参数。

（2）若要在图像间复制图层，可用"移动工具"将要复制的图层拖动至另一个图像文件中。

（3）如果要复制的图层与其他图层有链接关系，则将与之链接的所有图层都复制到另一个图像文件中。

4）删除图层

删除图层的方法很简单，先选择要删除的图层为当前操作图层，然后选择下述方法中的任意一种即可删除图层。

（1）单击"图层"面板底部的删除图层按钮🗑，在弹出的提示框中单击"是"按钮。

（2）执行"图层"→"删除"→"图层"命令，在弹出的提示框中单击"是"按钮。

（3）在"图层"面板中将图层拖至删除图层按钮🗑。

5）链接图层

在某一个图层被选中的情况下，单击其他图层缩览图左侧的空格，当单击处出现链接图标🔗后，则可以将该图层与当前图层链接起来。

链接图层的优点在于，通过链接图层可以同时移动、缩放、复制全部处于链接状态的图层。再次单击链接图标🔗使其消失，可解除图层间的链接关系。

4. 图层样式

图层样式为利用图层处理图像提供了更方便的手段。利用图层样式可以在合成图片时添加许多特殊效果，使合成后的图片具有一定视觉美感。

图层样式的使用非常简单。单击"图层"面板下方的添加图层样式按钮🎨，在弹出的下拉菜单中任选一项，都可弹出图3－124所示的对话框，在对话框中可以对当前图层增加多种图层样式。

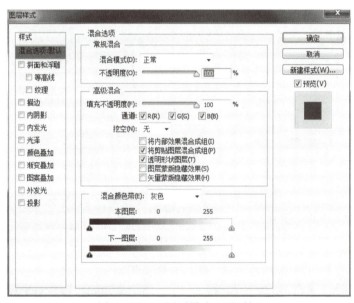

图3－124 "图层样式"对话框

此时可以选择要添加的图层样式，如为文字图层添加阴影效果，只需勾选"投影"复选框，并设置参数，得到图3－125所示的投影效果。

图3－125 投影效果

如果要在同一个图层中应用多个图层样式，则可以在打开"图层样式"对话框后，在对话框左侧的列表中选择要应用的效果。此时，在对话框右侧将显示与图层样式相关的设置选项。

5. 常用图层样式操作

1）投影效果

对于任何一个平面设计师来说，阴影制作是基本功。无论文字、按钮、边框还是物体，如果加上阴影，则会产生层次感，为图像增色不少。因此，阴影制作在任何时候都使用得非常频繁，不管是在图书封面上，还是在报纸杂志、海报上，经常会看到具有投影效果的文字。

Photoshop 提供了两种投影效果，分别是投影和内投影。这两种投影效果的区别在于：投影是在图层对象背后产生阴影，从而产生投影视觉；内投影则是紧靠在图层内容的边缘内添加阴影，使图层具有凹陷外观。这两种图层样式只是产生的图像效果不同，其参数选项是一样的，如图 3－126 所示。

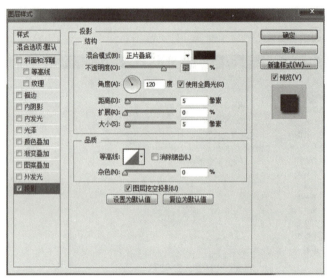

图 3－126　"图层样式"对话框

图 3－127 和图 3－128 所示是两种不同的投影效果。

图 3－127　投影效果

图 3－128　内投影效果

2）发光效果

在图像制作过程中，经常看到文字或物体具有发光效果。发光效果在视觉上比阴影效果更具有计算机色彩，而且制作方法也简单，使用图层样式中的"内发光"和"外发光"命令即可。图3-129和图3-130所示这两种样式的效果。

图3-129 外发光效果

图3-130 内发光效果

3）斜面和浮雕效果

执行"斜面和浮雕"命令就可以制作出立体感强的文字。此效果在制作特效文字方面应用十分广泛，其选项参数如图3-131所示，可以对其进行设置，得到想要的效果。

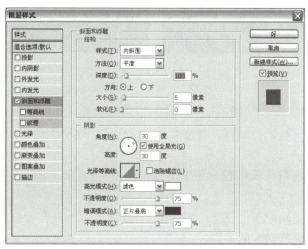

图3-131 "斜面和浮雕"选项参数

图3-132所示是各种应用了不同斜面和浮雕效果的图像。

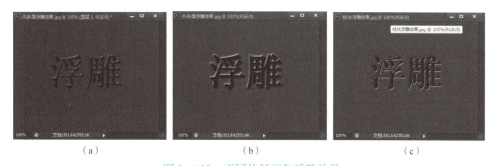

（a） （b） （c）

图3-132 不同的斜面和浮雕效果

（a）内斜面效果；（b）外斜面效果；（c）枕状浮雕效果

4）使用"样式"面板

Photoshop 提供了一个"样式"面板。该面板专门用于保存图层样式，在下次使用时，就不必再次编辑，而可以直接进行应用。下面介绍"样式"面板的使用方法。

Photoshop 带有大量的已经设置好的图层样式，可以通过"样式"面板弹出命令菜单载入各种样式库，如图 3 – 133 所示。

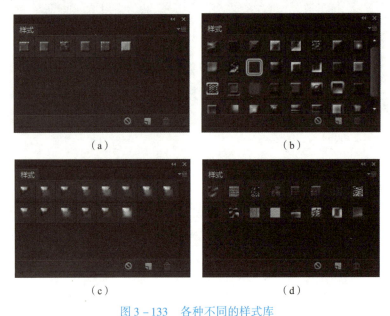

（a）

（b）

（c）

（d）

图 3 – 133　各种不同的样式库

（a）抽象样式；（b）按钮样式；（c）玻璃样式；（d）纹理样式

只需单击这些样式按钮，就可以直接套用所选样式，这里不再赘述。

6. 图层混合模式

图层混合模式是图像合成中较为重要的功能。通过这项功能可以完成较多的图像合成效果。

图层混合模式的选项位于"图层"面板的"设置图层的混合模式"下拉列表中。下面对图层混合模式效果进行详细的讲解。

（1）正常：系统默认的色彩混合模式。选择此模式，新绘制的图案或选定的图层将完全覆盖原来的颜色。

（2）溶解：选择此模式，系统将绘制的颜色随机取代底色，产生溶解效果。

（3）变暗：选择此模式，系统将绘制颜色和底色进行比较，底色中较亮的颜色被较暗的颜色代替，而较暗的颜色不变。

（4）正片叠底：选择此模式，绘制的颜色将和底色相乘，使底色变深。

（5）颜色加深：选择此模式，图像颜色将在原来的基础上加深。

（6）线性加深：选择此模式，绘制的图像将和底色混合后再线性加深，其结果将比通常的原图像颜色更深。

（7）变亮：此模式与变暗模式相反，在此不再赘述。

（8）滤色：选择此模式，系统将绘制的颜色与底色的互补色相乘后再转为互补色，此结果通常比原图像颜色浅。

（9）颜色减淡：选择此模式，系统将像素的亮度提高，以显示绘图颜色。

（10）线性减淡：选择此模式，系统将像素的亮度提高，呈线性混合状态。

（11）叠加：选择此模式，绘制的颜色将与底色叠加，并保持底色的明暗度。

（12）柔光：选择此模式，可以调整图像的灰度，当绘图颜色少于 50% 的灰度时，图像变亮，反之则变暗。

（13）强光：选择此模式，当绘图颜色大于 50% 的灰度时，则以屏幕模式混合，反之，则以叠加模式混合。

（14）亮光：选择此模式，可以得到漂白和增强亮度的效果，使颜色更鲜艳。

（15）线性光：选择此模式，可以得到线性增亮效果。

（16）点光：选择此模式，可以得到集中光线的增亮效果。

（17）差值：选择此模式，系统将以绘图颜色和底色中较亮的颜色减去较暗的颜色亮度，因此，当绘图颜色为白色时，可以使底色反相，当绘图颜色为黑色时，原图不变。

（18）排除：此模式与差值模式相似。

（19）色相：选择此模式，图像的亮度和彩度由底色决定，但色相由绘图颜色决定。

（20）饱和度：选择此模式，图像的亮度和色相由底色决定，但饱和度由绘图颜色决定。

（21）颜色：选择此模式，图像的明度由底色决定，但色相与饱和度由绘图颜色决定。

（22）亮度：选择此模式，图像的明度由绘图颜色决定，但色相与饱和度由底色决定。

7. 蒙版的概念

通过以上的学习，可以知道除背景图层以外的其他图层都是透明的。当在图层上绘图后，上方图层中的图像将遮盖下方图层中的图像，没有图像的区域仍呈透明状态。

蒙版有助于实现图像的渐隐效果，制作出真实的投影、阴影以及图像合成效果，是编辑图像的重要工具，在很多时候都是使用蒙版来合成图片。在 Photoshop 中有两种蒙版，一种是临时性的蒙版，叫作"快速蒙版"，主要用来选择图像，通常和通道功能结合使用；另一种是图层蒙版，主要用来制作一些图像特殊效果，在当前图层中增加图层蒙版后，可以使用黑、白、灰三色对其进行编辑，从而产生图像的透明、不透明和半透明效果。下面用一个实例讲解图层蒙版的使用方法。

8. 实例讲解

（1）在 Photoshop 中打开图 3 – 134 所示示例图片。

图 3 – 134　示例图片

（2）将鱼图片拉入海底图片，在"图层"面板中单击添加图层蒙版按钮▣，如图 3 – 135 所示，此时整个蒙版呈白色。

（3）在工具箱中选择"画笔工具"，选择默认的前景色和背景色（快捷键 D），在蒙版上进行涂抹。这里需要注意的是，在涂抹时图层后链接的蒙版必须是框选状态，否则就会涂抹到图层上，如图 3 – 136 所示。

图 3 – 135　添加图层蒙版　　　　　图 3 – 136　蒙版被选中状态

（4）使用黑色的笔刷在需要抠出的地方进行涂抹，如果不小心涂抹在鱼的身上，可以换成白色的笔刷在鱼的身上涂抹。在鱼身的边缘可以使用边角比较柔和的画笔。最终涂抹后的效果如图 3 – 137 所示，涂抹后的蒙版可以在"通道"面板中找到，此时它已经被存储为一个 Alpha 通道，形状如图 3 – 138 所示。

图 3 – 137　使用画笔涂抹蒙版的效果　　　　图 3 – 138　涂抹后的蒙版

由此可以看出，图层蒙版相当于一个透明的保护层，被图层蒙版覆盖的图像区域将不受其他操作的影响，可以对图层蒙版进行编辑，例如，用黑色编辑图层蒙版，图层将显示透明效果；用白色编辑图层蒙版，图层显示不透明效果；用灰色编辑图层蒙版，图层将显示半透明效果。

在上一个实例中，如果首先有一个选区，那么此时添加图层蒙版，直接就可以将鱼抠取出来，选区选择的部分就是蒙版中白色的部分，而未选择的部分显示为黑色，如图 3 – 139 所示。

9. 图片合成综合实例讲解

本例主要运用蒙版和图层合成图片，图 3 – 140 所示为最终效果。

（1）打开图 3 – 141 所示图片，并将背景层改变为普通图层。为了使图片看上去更自然，使用"色阶"命令调整图像，参数设置如图 3 – 142 所示。

图 3 - 139　在有选区的情况下添加图层蒙版

图 3 - 140　最终效果

图 3 - 141　示例图片　　　　　　　　　图 3 - 142　调整色阶

（2）为建筑增强对比。执行"滤镜"→"锐化"→"USM 锐化"命令，调整参数，如图 3 - 143 所示。USM 锐化效果如图 3 - 144 所示。

图 3 – 143   "USM 锐化" 对话框   图 3 – 144   USM 锐化效果

（3）使用"套索工具"选取天空，适当羽化，这里设为 2 像素，然后反选，如图 3 – 145 所示，然后为本图层添加"图层蒙版"，如图 3 – 146 所示。

图 3 – 145   选取天空   图 3 – 146   添加图层蒙版后的效果

（4）打开图 3 – 147 所示天空素材，将其放置到城市图层下面，如图 3 – 148 所示。

图 3 – 147   天空素材   图 3 – 148   将天空素材放置到底层

（5）调出"色阶"对话框，针对天空图层适当调整亮度；然后打开"色相/饱和度"对话框，适当降低饱和度，如图 3 – 149 所示。调整色阶与饱和度后的效果如图 3 – 150 所示。

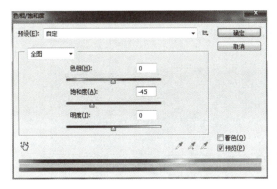

图 3 - 149　"色相/饱和度"对话框　　　　图 3 - 150　调整色阶与饱和度后的效果

（6）为了使中间建筑上方的白色部分变得透明，使用"套索工具"对白色部分进行选取，并设置很小的羽化，如图 3 - 151 所示。之后按"Ctrl + Shift + J"组合键剪切所选择的部分，此时图层中会建立一个新的图层，并将图层混合模式改为"正片叠底"，如图 3 - 152 所示。调整后的效果如图 3 - 153 所示。

图 3 - 151　选取白色部分　　　　　　图 3 - 152　更改图层混合模式

（7）打开水流素材，并使用"抽出"滤镜抠出水流的中间部分，如图 3 - 154 所示。

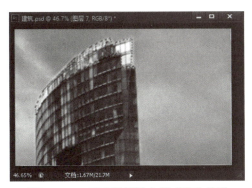

图 3 - 153　更改图层混合模式后的效果

（8）将抽出的水流放置到建筑的空隙处，并适当调整大小，如图 3 - 155 所示。为了将建筑后的水流遮住，为本水流图层添加一个图层蒙版，并用黑色的笔刷涂抹应当遮盖住的地方，效果如图 3 - 156 所示。在这里尽量将水流的细节表现出来。

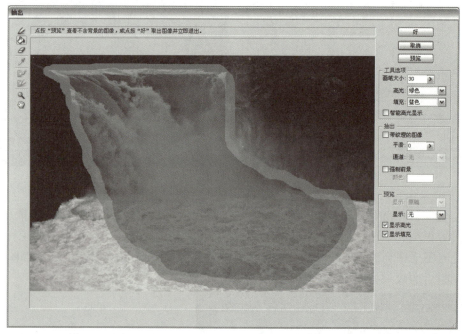

图 3 – 154 "抽出滤镜"对话框

图 3 – 155 加入水流

图 3 – 156 用画笔涂抹蒙版后的效果

（9）将水流图层复制一层，移动水流图层副本至另一个空隙处，然后水平翻转，使用画笔进行涂抹，得到图 3 – 157 所示的效果。为了使添加的水流更加自然，可以添加一些阴影。在此水流图层副本上新建一个图层，设置图层混合模式为"正片叠底"，然后在水流下方的建筑上使用中度灰色柔角画笔涂抹，营造阴影效果，如图 3 – 158 所示。

图 3 – 157 添加水流

图 3 – 158 为水流添加阴影

（10）同样的原理，利用所给的水流素材，继续在街道的空隙处添加水流，得到最终的效果，如图 3 – 140 所示。

3.6　课后练习

1. 常用的位图格式有哪些？
2. 使用选择工具抠取图 3 – 159 所示素材中的海豚。
3. 使用"钢笔工具"抠取图 3 – 160 中的跑车。

图 3 – 159　海豚素材　　　　　　　　　　　　图 3 – 160　跑车素材

4. 使用通道与蒙版完成图 3 – 161 所示 3 幅素材的合成，最终效果如图 3 – 162 所示。

图 3 – 161　通道、蒙版合成素材

图 3 – 162　最终效果

5. 使用曲线工具将下面的素材由阴天调整为黄昏的效果，如图 3 – 163 所示（步骤基本与曲线实例一致）。

图 3 – 163　调整前、后效果

6. 运用滤镜完成图 3 – 164 所示效果。

参考步骤如下。

（1）新建图像，选择"滤镜"→"渲染"→"云彩"选项，用默认的前景和背景色制作云彩效果，然后选择"滤镜"→"渲染"→"分层云彩"选项。

（2）选择"滤镜"→"像素化"→"铜板雕刻"选项，"类型"选择"中等点"。

（3）将图层复制一层，对其使用"滤镜"→"模糊"→"径向模糊"滤镜，设置"模糊方法"为"缩放"，"数量"为"100"。

（4）对下面的图层使用"滤镜"→"模糊"→"径向模糊"滤镜，设置"模糊方法"为"旋转"，"数量"为"50"，并将上面的图层混合模式改为"变亮"。

图 3 – 164　最终效果

（5）将位于上层的图层复制一份，使用"滤镜"→"模糊"→"高斯模糊"滤镜，设置"半径"为 2 个像素，然后将图层混合模式改为"颜色减淡"。

（6）将所有图层合并，然后复制一层，使用"滤镜"→"模糊"→"高斯模糊"滤镜，将图层混合模式改为"变亮"。

（7）在最上方的图层建立色相/饱和度调整层，使用着色方式调整。

7. 运用所给的素材合成出图 3－165 所示效果。

图 3－165　合成效果

参考步骤如下。

（1）将无畏航母运用"钢笔工具"扣取并放在海底素材中，进行颜色、大小的调整，对颜色的调整主要使用"图像"→"调整"→"色彩平衡/色阶"命令。试着使无畏航母与海底颜色融合。

（2）建立一个蒙版。使用"画笔工具"在蒙版上涂抹，将部分船体底部遮盖的岩石擦出来。降低船的透明度，这样可以更清楚一点。

（3）为了使颜色更逼真，进入快速蒙版，拉出一个渐变（白色到黑色）。完成后进入选区，然后进行色阶调整。

（4）打开破洞素材，放置于船体前端，使用蒙版取出生硬的边缘和中间部分。使用色阶和色彩平衡调整，使其和周围环境融合。

（5）打开零件素材，拉入破洞素材的下方，运用"橡皮擦工具"擦出破洞中间的地方，以便看到零件。

（6）打开潜艇 1 和 2 素材，使用"魔术棒工具"扣取潜艇 1，使用"套索工具"扣取潜艇 2。之后将两个扣出的潜艇素材拉入图像。

（7）新建一个图层，使用"套索工具"从放置好的潜艇 1 头部一直到图像右侧边缘圈出一个选区填充白色，将不透明度降到 60，然后进行高斯模糊，半径为 10 像素。对潜艇 2 运用同样的方法。

（8）打开气泡素材，将其拉入图像，放置于所有图像上方。将图层混合模式改为"滤色"。图像边缘部分使用"橡皮擦工具"擦出。

（9）驾驶舱中明亮的光线需要配合海底的幽暗，为此添加一个色阶调整层，并对其进行调整，然后运用色彩平衡进行调整，为了效果更好，可以运用高斯模糊，将其半径设为1.5 像素。

后续的步骤基本与以上步骤类似，运用图像合成的知识进行操作，请读者自己揣摩。

第4章　文字处理与合成

要点难点分析

要点：

(1) "文字工具"与"文字工具"选项栏的相关设置；

(2) 点文字与段落文字的输入与属性设置；

(3) 文字特效制作。

难点：

文字特效制作。

难度：★★★

学习目标：

(1) 掌握点文字与段落文字的输入与属性设置的方法；

(2) 掌握建立文字蒙版选区的方法；

(3) 能够灵活运用相关知识制作文字特效；

(4) 具备敬业、精益、专注、创新的工匠精神。

好的平面艺术作品除了有巧妙的构思、精美的图像外，还需要用文字来修饰整体效果或表达作品的含义，文字是平面艺术作品的重要组成部分。文本编辑是 Photoshop 中最容易的工作。其操作与文档处理软件（例如 Word）的字符格式设置基本相同。

Photoshop 中的文字与图像一样，是由像素构成的点阵字，其锐利程度与质量取决于文字的大小和图像的解析度。

4.1　文字的录入与编排

在 Photoshop 中有两种文字输入方式，分别是"点文字"和"段落文字"。点文字输入方式是指在图像文件中输入单独的文本行（如标题文本）；段落文字一般用于以一个或多个段落的形式输入文字并设置格式。

1. 点文字的输入与属性设置

（1）在工具箱中单击 **T.** 按钮，然后在图像窗口中单击即可输入点文字。

（2）在工具选项栏中单击 按钮，弹出"字符"面板，如图4-1所示。在该面板中对文字进行属性设置，设置好后，单击工具选项栏中的 ✔ 按钮。

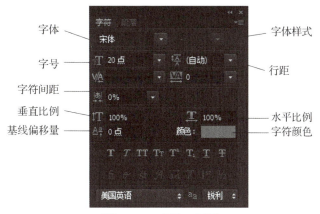

图4-1 "字符"面板

2. 段落文字的输入与属性设置

（1）在工具箱中单击 **T.** 按钮，用鼠标沿对角线方向拖移，为文字块定义定界框。

（2）在"字符"面板和"段落"面板中设置好相应选项。

（3）在文本定界框内输入文本。

（4）在工具选项栏中单击 按钮，弹出"段落"面板，如图4-2所示。在该面板中对文字段落进行属性设置，设置好后，单击工具选项栏中的 ✔ 按钮。

图4-2 "段落"面板

3. 转换点文本为段落文本

点文本或段落文本创建后，取消"文字工具"的选取，再执行"图层"→"文字"→"转换为段落/转换为点文本"命令，即可将点文本与段落文件进行相互转换。

4. 建立文字蒙版选区

在工具箱中选取"横排文字蒙版工具"或"直排文字蒙版工具"，然后输入文本，就可在图像窗口中建立文字蒙版区域。这仅是一个区域，而非单独的图层，实际上就是将用户输入的文本在当前图层中创建为选区，与创建的图像选区相同，如图4-3所示。

图4-3 用"直排文字蒙版工具"产生的选区；"图层"面板中并未增加新的图层

提示：

　　文字蒙版是用来创建文字的外形选区，它的横排和直排方式是与用户的文字选项相关的。

5. 变形文字

在Photoshop中可以通过两种方法制作变形文字：一是应用"文字变形工具"来制作，二是通过路径来制作。

1）应用"文字变形工具"制作变形文字

用"文字工具"选取需要变形的文字，单击工具选项栏中的变形文本按钮，打开"变形文字"对话框，如图4-4所示。Photoshop为用户提供了15种变形文字类型，如图4-5所示。

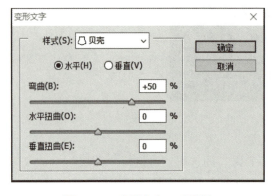

图4-4 "变形文字"对话框　　　　图4-5 变形文字类型

在"样式"下拉列表中选择变形文字类型，单击"确定"按钮即可。使用"鱼形"变形的效果如图4-6所示。

图4-6 使用"鱼形"变形的效果

小提示：

若用"文字工具"选取需要变形的文字，在单击时，很容易产生新的文字层，有时还不方便选择，这时可以在"图层"面板中根据文字图层对文字内容的显示，确定需要选择的文字图层后，直接双击图层的缩略显示框即可选择所需文字。

2）通过路径制作变形文字

用"钢笔工具"绘制出路径，如图4-7所示。选择工具箱中的"文字工具"，移动光标到路径上，注意这时光标发生了变化，在路径上输入文字，如图4-8所示。

图4-7 绘制出路径　　　　　图4-8 在路径上输入文字

用"文字工具"选中所有文字，如图4-9所示。在"文字工具"选项栏中设置文字字体和字号，设置好后单击"文字工具"选项栏中的 ✔ 按钮，如图4-10所示。

图4-9 选中所有文字

图4-10 设置字体、字号后的效果

这时打开"路径"面板，发现有形状一样的两条路径并存，如图4-11所示。出现这样的情况是因为文字路径的原理是将目标路径复制一条出来，再将文字排列在其上，这时文字与原先绘制的路径已经没有关系了，即使现在删除最初绘制的路径，也不会改变文字的形态。同样，即使现在修改最初绘制的路径形态，也不会改变文字的排列。另外，文字路径是无法在"路径"面板中删除的，除非在"图层"面板中删除这个文字图层。

如果要修改文字排列的形态，需要在"路径"面板中选择文字路径，此时文字的排列路径就会显示出来，再使用"路径选择工具"或"直接选择工具"，在稍微偏离文字路径的地方（即不会出现起点/终点调整的时候）单击，将会看到与普通路径一样的锚点和方向线，这时使用"转换点工具"等进行路径形态调整。文字沿路径显示，可以利用"路径选择工具"对文字显示的区域进行调整。

图4-11 "路径"面板

最后，将文本栅格化。用鼠标右键单击文字图层，在弹出的右键菜单中选择"栅格化图层样式"命令，如图4-12所示。或者执行"图层"→"栅格化"→"图层/文字"命令，即可将文字图层直接转换为像素图层，转换后的图层能被用户任意编辑。文字图层转换为像素图层后，"图层"面板上缩略图中的文本标记T变成为像素图层样式，如图4-13、图4-14所示。

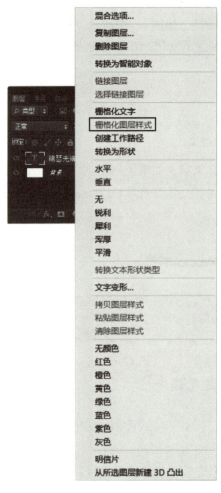

图4-12 "栅格化图层样式"命令

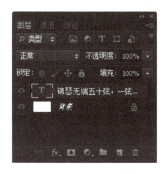

图 4-13　栅格化前的文字图层　　　　　图 4-14　栅格化后的像素图层

提示：

　　按住 Ctrl 键，在文字图层上单击，即可激活该图层中的文字选区。如果为文字选区新建一个图层，就可以对文字选区任意编辑，编辑后的文字选区直接被转换为像素图层。

4.2　文字特效

　　本节通过实例介绍 Photoshop 文字特效。Photoshop 文字特效在平面设计中应用非常广泛。

1. 水彩字——宣纸上的水彩字特效

　　本实例主要利用"文字蒙版工具"，结合滤镜效果和 Photoshop 图层样式，使用"新建"命令创建一个空白文档，在空白文档上用"文字蒙版工具"创建选区，对选区进行滤镜渲染，对渲染后的文字进行水彩效果处理，同时为文字添加宣纸背景，给宣纸所在图层添加图层样式。实例效果如图 4-15 所示。

图 4-15　实例效果

　　（1）启动 Photoshop，在"文件"菜单中选择"新建"命令，在弹出的对话框中设置具体参数，如图 4-16 所示。设置好后单击"确定"按钮。

　　（2）在"图层"面板中，在下方单击新建图层按钮，添加新的图层为"图层 1"，为"图层 1"填充白色，如图 4-17 所示。

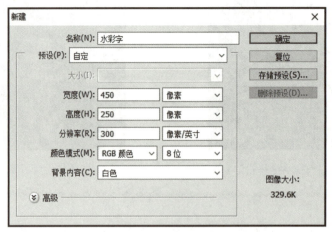

图 4-16　新建空白文档

（3）在工具选项栏中选择"文字工具" 　T. ，再选择"横排文字蒙版工具" 　，选择自己喜欢的字体，并设置字号，字号最好大一些，然后输入文本"See"，如图 4-18 所示。对文字进行羽化，羽化半径为 4 像素（羽化半径不要太大）。

图 4-17　为"图层 1"填充白色

图 4-18　用文字蒙版创建的选区

（4）设置前景色为#1608d8，背景色为#F408F7，执行"滤镜"→"渲染"→"云彩"命令，按"Ctrl + D"组合键取消选择。效果如图 4-19 所示。

（5）执行"滤镜"→"艺术效果"→"水彩"，设置参数为画笔细节：3，暗调强度：0 纹理：1。效果如图 4-20 所示。

图 4-19　云彩效果

图 4-20　执行水彩效果后

（6）在 Photoshop 中打开图片"4.2.1bj. jpg"，将图片适当裁切，并调整图片的亮度和对比度，使图片亮度增加。

（7）将该图片作为背景，把背景移到文字的下面，设置文字图层的样式为"正片叠底"，如图 4－21 所示。

（8）在文字图层下面建立一个新图层，然后选择"画笔工具"，设置画笔主直径为 90 像素，硬度为 0%。将前景色设为#000000，然后绘制图 4－22 所示形状，目的是增加凸起效果，在"图层"面板中把该图层的"填充"调整到 0%，双击该图层的缩略图框，打开"图层样式"对话框，为该图层添加"斜面和浮雕"样式，参数设置如图 4－23 所示，效果如图 4－24 所示。

图 4－21　设置文字图层的样式

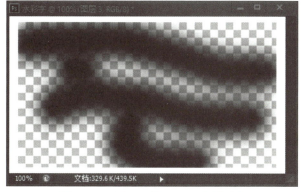

图 4－22　用"画笔工具"绘制图案

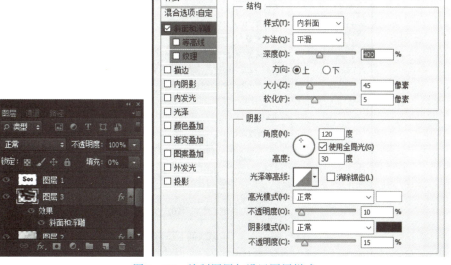

图 4－23　绘制图层与设置图层样式

图 4 – 24 添加图层样式后的效果

（9）修饰作品，调整画布大小，如图 4 –25 所示。

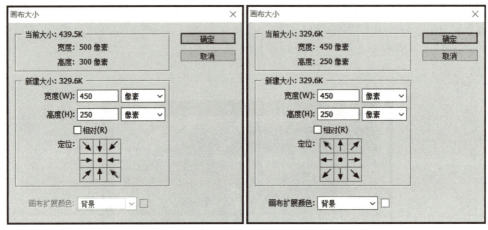

图 4 –25 画布大小参数设置

（10）为宣纸所在图层添加阴影效果。双击宣纸所在图层的缩略图框，打开"图层样式"对话框，为该图层添加"斜面和浮雕"样式，设置参数如图 4 –26 所示，效果如图 4 – 27 所示。

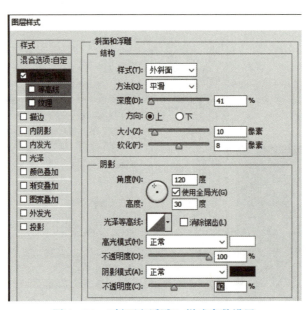

图 4 – 26 "斜面和浮雕"样式参数设置

（11）使用画笔，设置如前面所示，将前景色设置为黑色，在背景图层上使用画笔在边缘的不同位置单击，绘制出深浅不同的阴影效果，设置深浅不同的阴影效果可通过设置画笔的"不透明度""流量"等不同的值来实现，如图4-28、图4-29所示。

图4-27　添加图层样式后的效果　　　图4-28　圈内为用画笔单击背景图层绘制的阴影

2. 利用通道制作炫酷发光特效字

本实例主要应用通道和滤镜制作炫酷发光特效字，即通过新增通道，在通道中创建文字选区，复制多个文字通道，利用色阶、滤镜设置形成"魅影"发光效果，最后将通道应用于图像，通过色相/饱和度给文字着色。完成后效果如图4-30所示。

图4-29　添加阴影后的最终效果　　　　　图4-30　完成效果图

（1）启动 Photoshop，在"文件"菜单中选择"新建"命令，在弹出的对话框中设置具体参数，如图4-31所示，设置好后单击"确定"按钮。

图4-31　新建空白文档

（2）打开"通道"面板，在该面板的下方单击"创建新通道"按钮，新建"Alpha 1"通道，如图4-32所示，接着，在"Alpha 1"通道中输入"古墓丽影"，如图4-33所示。

图4-32　新建通道

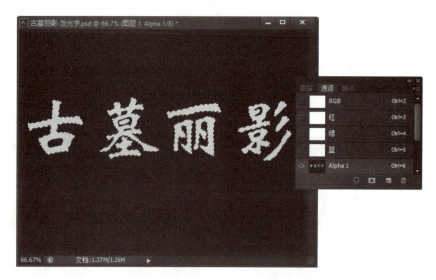

图4-33　输入文字

（3）单击拖动"Alpha 1"通道到"创建新通道"按钮上再松开，这时会复制一个"Alpha 1"通道，名称为"Alpha 1副本"，如图4-34所示。

（4）对"Alpha 1副本"通道执行"滤镜"→"其他"→"最大值"命令，设置半径为3像素。将"Alpha 1副本"通道重命名为"最大值"，以便区别，如图4-35所示。

图4-34　创建"Alpha 1副本"通道

图4-35　创建"最大值"通道

（5）用刚才复制"Alpha 1"通道的方法复制"最大值"通道，产生"最大值副本"通道（图 4 – 35），并对该通道执行"滤镜"→"模糊"→"高斯模糊"命令，设置模糊半径为 5 像素，如图 4 – 36 所示。按住 Ctrl 键，单击"最大值"通道，提取它的选区，如图 4 – 37 所示。

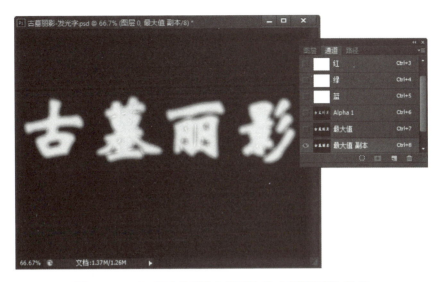

图 4 – 36　对"最大值副本"通道实现"高斯模糊"效果

图 4 – 37　"最大值"通道选区

（6）选中"最大值副本"通道进行操作，按"Ctrl + Shift + I"组合键反选，然后按"Ctrl + L"组合键打开"色阶"对话框，如图 4 – 38 所示，进行色阶调整。

（7）再次复制一个"Alpha 1"通道，为新复制出来的"Alpha 1 副本"通道添加"最小值"滤镜，设置半径 1 为像素。

（8）选中"Alpha 1 副本"通道，按"Ctrl + L"组合键调整色阶，如图 4 – 39 所示。

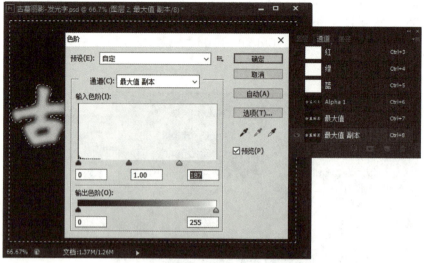

图4-38 "色阶"对话框

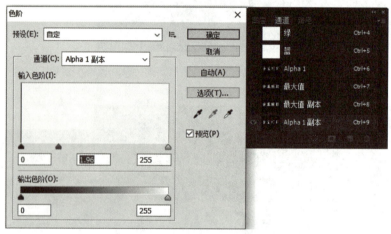

图4-39 对"Alpha 1 副本"通道进行色阶调整

（9）回到"图层"面板，选中"背景"图层，然后执行"图像"→"应用图像"命令，在弹出的"应用图像"对话框中将"通道"设置为"最大值副本"通道，设置混合模式为"正片叠底"，如图4-40所示。

图4-40 "应用图像"对话框

（10）修饰文字。

①将"图层"面板中的"背景"图层重命名为"图层0"，按"Ctrl＋U"组合键打开"色相/饱和度"对话框，勾选"着色"复选框，然后调整色相，为文字着色，如图4－41所示。

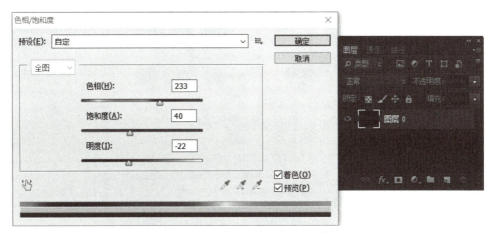

图4－41 "色相/饱和度"对话框

②执行"滤镜"→"渲染"→"光照效果"命令，打开"光照效果"对话框，将"纹理通道"调整为"Alpha 1 副本"，如图4－42所示，单击"确定"按钮。

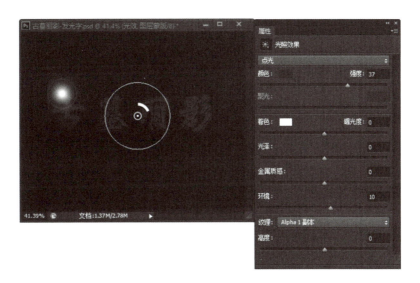

图4－42 光照效果设置

③为了增加美观效果，可以执行"滤镜"→"渲染"→"镜头光晕"命令，设置镜头亮度100%，设置镜头类型为50～300毫米变焦。最终效果如图4－30所示。

3. 签名字——可爱签名特效字

本实例完成效果如图4－43所示。

（1）启动 Photoshop，在"文件"菜单中选择"新建"命令，在弹出的对话框中设置具体参数，如图4－44所示。设置好后单击"确定"按钮。

图4-43　完成效果

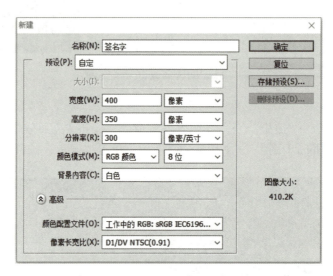

图4-44　新建空白文档

（2）制作签名字特效。

①选择"文字工具"，在图像窗口中输入文字，并设置文字的字体、字号、颜色，如图4-45所示。

②用鼠标右键单击文字图层，在打开的快捷菜单中选择"栅格化图层"命令。这时文字图层变成普通像素图层，如图4-46所示。

图4-45　输入文字

图4-46　栅格化图层

③双击文字图层，打开"图层样式"对话框，对该图层进行图层样式设置。"投影"样式设置中"混合模式"→"正片叠底"的颜色与文本颜色相同，"斜面和浮雕"样式设置中"阴影模式"→"正片叠底"的颜色与文本颜色相同，如图4－47、图4－48所示。

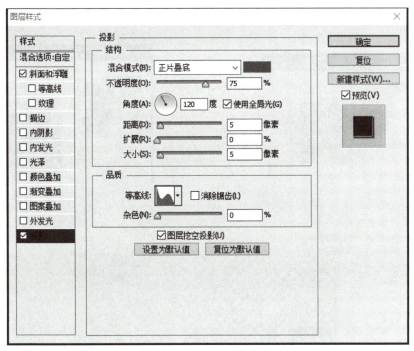

图4－47　"投影"样式设置

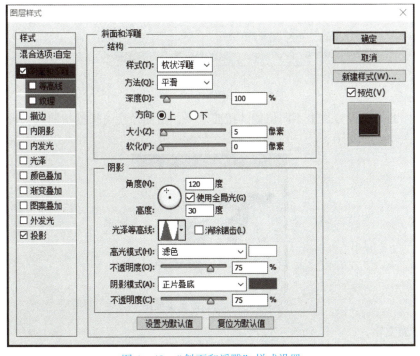

图4－48　"斜面和浮雕"样式设置

④用"选框工具"选择一个字，再用"移动工具"把它拖到合适的位置，将两个字位置错开，以增加视觉美观，如图 4 – 49 所示。

⑤用"选框工具"框出文字想要加工的地方，如图 4 – 50 所示，执行"滤镜"→"扭曲"→"旋转扭曲"命令，对"旋转扭曲"对话框中的"角度"值进行相应设置，如图 4 – 51 所示。

图 4 – 49　文字移动后的效果

图 4 – 50　框住部分文字

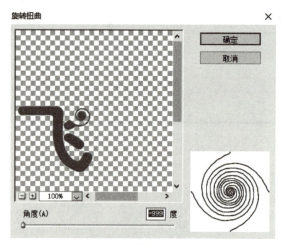

图 4 – 51　"旋转扭曲"对话框

⑥用同样的方法设置文本不同位置的扭曲效果，扭曲角度可根据扭曲效果设置。扭曲效果参照图如图 4 – 52 所示。

图 4 – 52　扭曲效果参照图

（3）修饰文字。

①选择"自定义形状工具"　，工具选项栏设置如图 4 – 53 所示，设置前景色与文本颜色一致。用该工具在图像上进行修饰，如图 4 – 54 所示。

图 4 – 53　工具选项栏设置

图 4 – 54　修饰后的效果

②制作"线条"图案。新建文件，如图 4 – 55 所示。

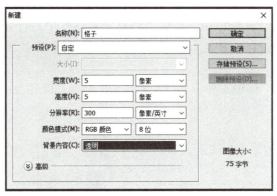

图 4 – 55　新建文件

③将新建的图像窗口放大 1600%，使用"铅笔工具"，设置半径为 1 像素，沿对角线绘制一根白色的线条，如图 4 – 56 所示。按"Ctrl + A"组合键全选图案，如图 4 – 57 所示。执行"编辑"→"定义图案"命令，将图案命名为"格子"，如图 4 – 58 所示。

图 4 – 56　绘制线条

图 4 – 57　全选图案

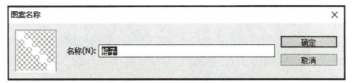

图 4 – 58　命名图案

④回到"签名字"图像文件，按住 Ctrl 键单击"飞舞"图层，产生该图层的选区。在"图层"面板的右下方单击创建新图层按钮，产生新的图层，如图 4–59 所示。

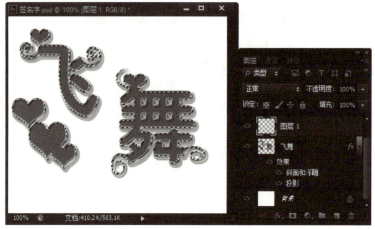

图 4–59　显示选区和新建图层

⑤执行"编辑"→"填充"命令，在"填充"对话框中进行设置，如图 4–60 所示。在"图层 1"中填充"格子"图案，同时在"图层"面板中将"图层 1"的"不透明度"设置为 40%。

⑥执行"编辑"→"描边"命令，描边宽度为 1 像素，颜色为白色。最终效果如图 4–43 所示。

4. 书法字的制作

本实例完成效果如图 4–61 所示。

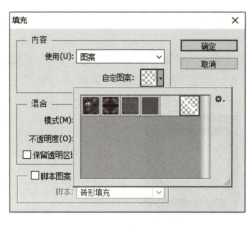

图 4–60　"填充"对话框

图 4–61　完成效果

（1）启动 Photoshop，在"文件"菜单中选择"新建"命令，在弹出的对话框中设置具体参数，设置好后单击"确定"按钮。

（2）制作书法字。

①选择"文字工具"，在图像窗口中输入"天道酬勤"，适当调整文字大小，字体颜色为黑色，如图 4–62 所示。

图4-62　输入并调整文字

②将文字拆分成单独的图层，简单排列，如图4-63所示。

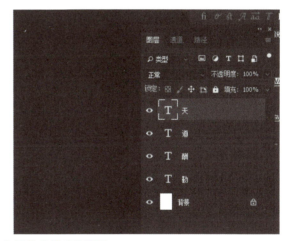

图4-63　将文字拆分成单独的图层

③输入天道酬勤的拼音并进行排列，如图4-64所示。

图4-64　输入天道酬勤的拼音并进行排列

④打开喷溅笔画素材图片，按"Ctrl＋J"组合键复制图层，如图 4－65 所示。

图 4－65　打开喷溅笔画素材图片

⑤载入颜色范围，单击白色区域，如图 4－66 所示。

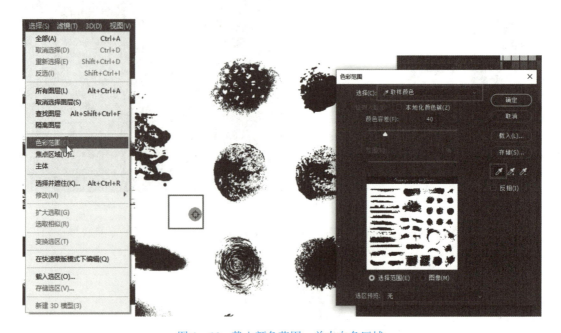

图 4－66　载入颜色范围，单击白色区域

⑥执行"选择"→"反选"命令，按"Ctrl＋J"组合键，新建并复制图层内容，将下面两个图层进行隐藏，如图 4－67 所示。

⑦用"自由套索工具"框选画笔并拖动到画布中，调整画笔的位置、方向及大小，如图 4－68 所示。

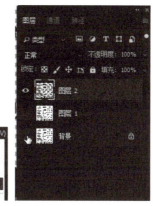

图4-67 复制图层内容并隐藏图层

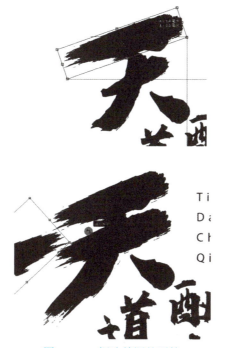

图4-68 框选并调整画笔

⑧适当使用滤镜中的液化工具调整笔画弧度，如图4-69所示。

图4-69 调整笔画弧度

⑨调整细节，如图4－70所示。

⑩装饰字体，如图4－71所示。

图4－70　调整细节　　　　　　　　图4－71　装饰字体

（3）装饰背景。

①填充背景色，如图4－72所示。

图4－72　填充背景色

②导入素材，将素材图层置于"背景"图层之上，将混合模式设置为"正片叠底"，如图4－73所示。

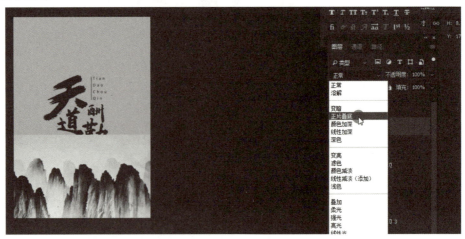

图4－73　导入素材

③按"Ctrl + L"组合键，调整色阶，选择白色吸管工具，在天空区域单击，隐藏天空色彩，如图 4 – 74 所示。

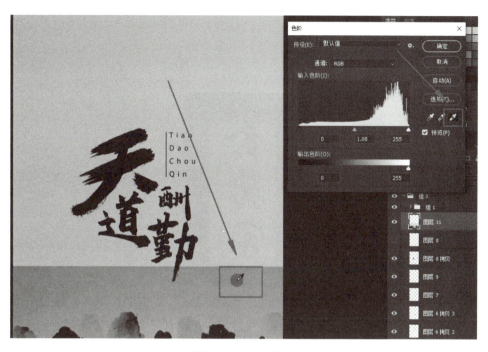

图 4 – 74　调整色阶

④修改图层的不透明度为 60% ，如图 4 – 75 所示。
⑤微调画面，如图 4 – 76 所示。

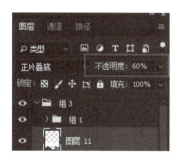

图 4 – 75　修改图层的不透明度

图 4 – 76　微调画面

4.3　课后练习

制作"金属字"，效果如图4-77所示。

图4-77　金属字

参考操作方法如下。新建图形文件，并将镜框图形文件拖动到新建文件中，在"通道"面板中创建"Alpha 1"通道。在通道上用文字工具输入"金属字"文本。在"图层"面板中创建"图层2"，执行"编辑"→"填充"命令，使用50%灰色填充，复制该图层为"图层2副本"。在"Alpha 1"通道执行半径为2像素的高斯模糊。为"图层2副本"添加"光照"滤镜效果，并将"图层2"与"图层2副本"合并。最后用"色相/饱和度"命令调整得到最后效果。

第 5 章　Adobe ImageReady

要点难点分析

要点：

（1）了解 ImageReady 的功能；

（2）了解 ImageReady 操作界面；

（3）掌握 ImageReady 生成动画的方法；

（4）掌握 ImageReady 优化图像的方法。

难点：

（1）ImageReady 生成动画的方法；

（2）ImageReady 优化图像的方法。

难度：★★★

学习目标：

（1）掌握 ImageReady 生成动画的方法；

（2）掌握 ImageReady 优化图像的方法；

（3）具备敬业、精益、专注、创新的工匠精神。

当今网页制作爱好者越来越多，各软件公司都纷纷加强了图像处理软件的网页制作功能。作为网页设计者眼中的高效工具，Photoshop 也扩展了其 Web 功能，捆绑了一个功能强大的 Web 制作软件——ImageReady。它不仅能像 Photoshop 那样制作出迷人的图像，还可以进行图像的压缩优化，创作富有动感的 GIF 动画、有趣的动态按键，甚至漂亮的网页。

教学目标：通过本章的学习，掌握制作 Web 图像和动画的基本方法。

5.1　ImageReady 介绍

ImageReady 是由 Adobe 公司开发的，以处理网络图形为主的图像编辑软件。ImageReady

诞生时，其 1.0 版本是作为一个独立的软件发布的。那时它并不依附于 Photoshop。直到 Photoshop 更新到 5.5 版本的时候，Adobe 公司才将升级到 2.0 版本的 ImageReady 和 Photoshop 捆绑在一起，搭配销售。

ImageReady 与 Photoshop 可以进行图片的同步操作（即同时对一个图片进行处理）。只要在 Photoshop 中的工具箱下方单击图标就可以跳转到 ImageReady 操作界面，同样在 ImageReady 中也可以单击这个图标进入 Photoshop。虽然 Photoshop 的后续版本逐渐加强了网页图像的制作功能，但 ImageReady 在图像优化、动画制作、Web 图片处理方面还是 Photoshop 必不可少的补充。尽管 ImageReady 依附于 Photoshop 而存在，但其在功能上实际已经成为一个相对独立的软件。

利用 ImageReady 可以将 Photoshop 的图像操作最优化，使其更适合网页设计，也可以通过分割图像自动制作 HTML 文档，还可以制作简单的 GIF 动画。但 ImageReady 不支持 CMYK 模式，无法进行与印刷相关的图像操作，它是专门的网络图像处理工具。

下面介绍 ImageReady 的主要功能，ImageReady 除了具有 Photoshop 的基本图像处理功能外，还具有以下网页特效和图像制作功能。

1. 制作 GIF 动画

GIF 动画是点阵动画，曾是互联网上最主要的动画方式，至今仍是网页的主要修饰手段。GIF 文件允许在单个文件中存储多幅图像，在 ImageReady 中通过每幅图像装载时间和播放次数的设定，将这些图像按顺序播放，从而形成动画效果。

2. 图像翻转

这是 ImageReady 的一个具有特色的功能，相当于一个鼠标触发事件，如按钮。在鼠标的不同的状态可以设置动态效果。

3. 切片

虽然在 Photoshop 中也可以进行一些基本的切片操作，但无法组合、对齐或分布切片。ImageReady 具备专业的切片面板和菜单，其切片编辑功能比 Photoshop 更强大，所以，人们习惯在完成图像之后转跳到 ImageReady 中对图像切片。切片的意义不仅在于提高访问速度，还在于对不同区域的图片进行不同的优化方式。

4. 图像优化

ImageReady 提供了强大的网络图像优化功能。为了得到更高的网络传输速度，通过各种工具和参数可以进行精确调整，在图像质量不明显削弱的前提下，尽可能地减小文件的体积。图像优化是网络图像处理中一个至关重要的过程。

5. 图像链接

通过对切片、图像映射等功能的设置，可以使图片具有超级链接，甚至可以将一个具有链接属性的图片作为网站的欢迎页面。

6. 其他

ImageReady 还提供了诸如动态数据图像等其他网络功能，通过这些功能，可以方便地得到具有丰富变化的交互式网络图像。

在本章的学习中，主要使用 ImageReady 制作 GIF 动画的功能。

5.2　ImageReady 操作界面

启动 ImageReady 有以下几种方式。

（1）执行"开始"→"程序"→"Adobe ImageReady"命令。

（2）在 Photoshop 中，可以单击工具箱中的 按钮，进入 ImageReady 操作界面。

（3）在 Photoshop 中，可以按"Ctrl + Shift + M"组合键启动 ImageReady。

ImageReady 操作界面如图 5 – 1 所示。

图 5 – 1　ImageReady 操作界面

可以看出 ImageReady 操作界面与 Photoshop 操作界面非常相似，上方是菜单命令，左边是工具箱，右边是浮动面板，中间是图像窗口，下面比 Photoshop 多出一个长方形的浮动面板，这是做 GIF 动画分割图像和动态按键的浮动面板。下面主要针对与 Photoshop 不同的窗口、面板、工具进行介绍。

1. 图像窗口

ImageReady 共有"原稿""优化""双联""四联"4 种不同的图像窗口显示方式。要切换窗口显示模式，只要单击窗口上方的标签名即可，如图 5 – 2 所示。

4 种图像窗口显示方式的作用分别如下。

原稿：在此模式下显示的是原图，可以对图像进行处理。

优化：在此模式下显示的是图像经过优化后的效果，也就是网页中显示的效果，只能对图像进行查看，不能进行处理。

双联：在此模式下同时显示原图和经过优化后的图像，以便用户对照比较，对图像进行修改，但是用户在此模式下只能对左侧的原图进行编辑，而不能修改右侧优化后的图像。

四联：在此模式下同时显示 4 张图片，左上角窗口显示的是原稿，其他 3 个窗口显示的是经过不同方法优化后的图像。同样，在此模式下用户只能对左上角的原图进行修改。

图像显示模式 ——

文件缩放级别 ——

优化后文件的大小与下载时间   图像格式

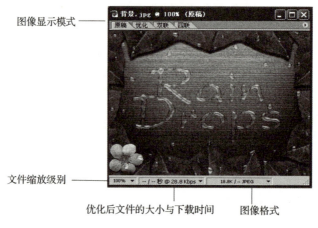

图 5 – 2　图像窗口

　　图像窗口底部的状态栏显示的是当前图像的各项数据信息，包括文件缩放级别，优化后文件的大小、下载时间，原图文件大小和图像格式等。单击状态栏的不同位置，可以打开相应的下拉菜单，从中选择在状态栏显示的信息类型。

　　2. 面板

　　与 Photoshop 相比，ImageReady 增加了以下几个面板。

　　动画：制作 GIF 动画，使用户能够逐帧确定可以作为动态 GIF 或 SWF 文件导出的动画的外观。"动画"面板如图 5 – 3 所示。

图 5 – 3　"动画"面板

　　图像映射：把图像上的某一区域链接到一个 URL，可以在图像中设置链接到其他 Web 页或多媒体文件的多个链接区域（称为图像映射区域）。

　　切片：用切片工具将图像分割成几个小块，每一小块称为切片，切片是图像的一块矩形区域，可用于在产生的 Web 页中创建链接、翻转和动画。通过将图像划分成切片，可以更好地对功能进行控制，并改善图像文件大小的优化。

　　优化：主要是对图像的优化进行参数调节。

　　Web 内容：在该面板中可以设置图像或切片的翻转效果，可以通过该面板制作悬停按钮。

　　颜色表：通过这个面板可以控制颜色表的颜色，主要用于图像优化。

　　图层选项：设置图层名称和图层效果选项，与 Photoshop 菜单中"图层样式"命令的功能相似。

　　3. 工具箱

　　ImageReady 中的工具箱与 Photoshop 中的工具箱相比少了许多图像绘制工具，如路径工具、模糊工具与多边形工具等，但是 ImageReady 多了一个新工具——图像映射工具组

，此工具组包含"矩形图像映射工具""圆形图像映射工具""多边形图像映射工具"，使用此工具组可以为图像的某个区域设置超级链接，从而达到跳转到另一个网页的目的。

5.3　动画的生成与使用

动画已成为网页中不可缺少的重要组成部分，它比静态图像更具有宣传效果，更容易吸引浏览者的注意力，是目前网页上使用最广泛的广告手段。

下面举一个具体的例子来说明动画制作的基本过程。在本例中制作简单的光影划过文字表面的动画。

操作步骤如下。

（1）启动 ImageReady，在工具箱的颜色设置区域中将背景色设置为蓝色（#1D0AF5），执行"文件"→"新建"命令，创建一个新文档，参数设置如图 5 – 4 所示。

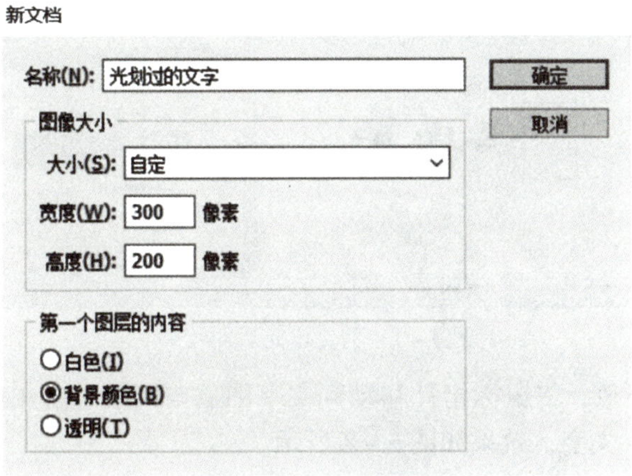

图 5 – 4　新建文档

（2）选择"文字工具"，设置文字字体为"隶书"，字号为"48px"，颜色为深红色（# CC3300）。在图像窗口中输入几个文字，如"悟嘉琥珀"，移动文字至窗口的中间位置，如图 5 – 5 所示。

图 5 – 5　输入文字后的效果

（3）在"图层"面板中，用鼠标右键单击文字图层，在弹出的菜单中选择"渲染图层"命令，如图5-6所示。

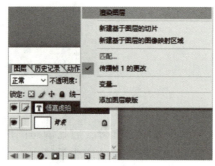

图5-6　对文字图层进行渲染

（4）在文字图层上，新建一个"图层1"，用"椭圆选框工具"在接近"悟"字前选一个小椭圆，用鼠标右键单击小椭圆，选择"羽化"命令，设置羽化半径为10像素。用白颜色进行填充，效果如图5-7所示。

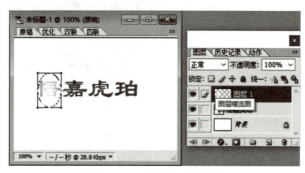

图5-7　羽化填充后的效果

（5）按住Alt键不放，将鼠标指针移动到文字图层与图层1的中间线处，在出现时单击，使白色光影进入文字，效果如图5-8所示。

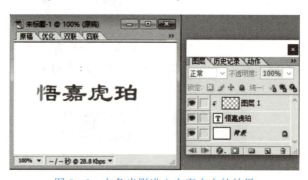

图5-8　白色光影进入文字之中的效果

（6）在"动画"面板中单击"复制当前帧"按钮复制出一帧，帧速为0.2秒，如图5-9所示。

（7）单击第2帧，然后在"图层1"上，将光影水平拖到"珀"字后面，如图5-10所示。

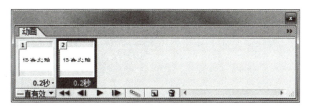

图 5 – 9 复制帧后的效果

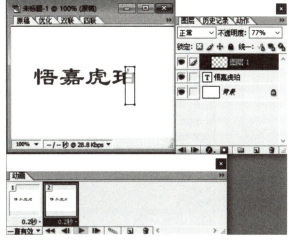

图 5 – 10 第 2 帧 "图层 1" 的效果设置

（8）按住 Shift 键，单击第 2 帧与第 1 帧，将其全部选中，添加 "帧动画过渡" 效果，如图 5 –11 所示。

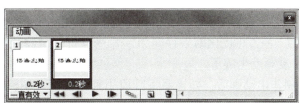

图 5 – 11 添加 "帧动画过渡" 效果

（9）在弹出的过渡里，选择添加 5 帧，参数设置如图 5 – 12 所示，单击 "确定" 按钮，在 "动画" 面板中自动添加了 5 帧，如图 5 – 13 所示。

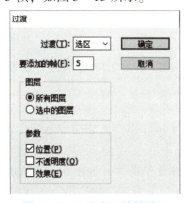

图 5 – 12 "过渡" 效果设置

图5-13　添加5帧后"动画"面板的显示效果

（10）在"优化"面板的"格式"下接列表中选择"GIF"选项，在"颜色"下拉列表中选择"128"选项，参数设置如图5-14所示。

图5-14　"优化"面板参数设置

（11）这时动画已基本完成，单击工具选项栏中的"预览文档"按钮，观看动画效果，如果效果满意，则进行保存。

（12）执行"文件"→"将优化结果存储为"命令，打开"将优化结果存储为"对话框，取名保存后，GIF动画就生成了。

在ImageReady中制作出动画后，如果要将其应用到其他网页编辑软件中，则要将动画输出为动画文件，ImageReady支持GIF格式，因此，只要将动画文件格式设置为GIF，然后发挥ImageReady优化图像的功能，输出最优化图像即可。另外，还可以在ImageReady中打开一个用其他软件制作的GIF动画，重新对其编辑修改。打开图像时，ImageReady会自动分解动画中的每一帧图像。

5.4　流云——云朵飘动动画制作

在本实例中，将Photoshop与ImageReady相结合来制作云朵飘动的流云动画。

操作步骤如下。

（1）在Photoshop中打开一张建筑图片，如图5-15所示。

（2）选择"多边形套索工具"沿着建筑物边沿，创建图5-16所示选区，按"Ctrl＋J"组合键复制选区到的新图层。

图 5 – 15　打开建筑图片　　　　　　图 5 – 16　创建选区

（3）打开一张云朵图片，将该图片用"移动工具"拖动到建筑图片上，并调整其大小，让云朵的图像稍高于画布高度，如图 5 – 17 所示。

图 5 – 17　设置云朵图层

（4）将云朵图层置于建筑图层下方，利用"钢笔工具"沿着建筑物的玻璃边缘建立形状图层，如图 5 – 18、图 5 – 19 所示。

图 5 – 18　绘制 1 个形状图层　　　　图 5 – 19　绘制好的形状图层

（5）在"图层"面板中，将除了"形状"图层外的其他图层全部隐藏，如图5-20所示。执行"图层"→"合并可见图层"命令，将所有形状图层合并成一个图层，如图5-21所示。

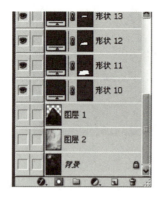

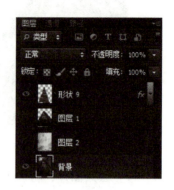

图5-20　"图层"面板中显示与隐藏的图层　　　图5-21　形状图层合并后的效果

（6）对合并后的玻璃形状图层执行"图层"→"图层样式"→"渐变叠加"命令，参数设置如图5-22所示。

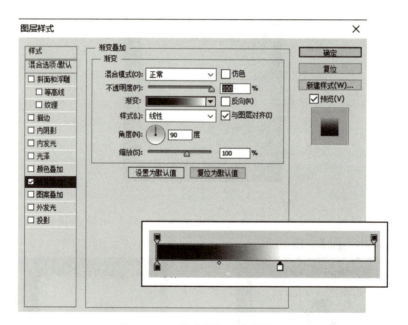

图5-22　"渐变叠加"参数设置

（7）复制云朵图层，并将复制图层移动到玻璃图层上方，按住 Ctrl 键单击玻璃图层产生选区，在云朵图层的副本图层中添加矢量蒙版，并将该图层的不透明度设置为40%，效果如图5-23所示。

（8）在所有图层上方创建新图层，并用黑色填充，如图5-24所示。

（9）执行"滤镜"→"渲染"→"镜头光晕"命令，参数设置如图5-25所示，并将黑色图层的图层模式设置为"叠加"。效果如图5-26所示。

图5-23 添加矢量蒙版后的效果

图5-24 图层填充黑色后的效果

图5-25 "镜头光晕"参数设置

图5-26 设置"叠加"图层模式后的效果

（10）执行"文件"→"存储"命令，保存图像文件。

（11）单击工具选项栏中的"在 ImageReady 中编辑"按钮，进入 ImageReady，进行流云动画的制作。

（12）在 ImageReady 中，在"动画"面板上的第1帧中将云朵图层的底部与画布底部对齐，相应的将云朵蒙版图层顶部与建筑图层顶部对齐。

（13）在"动画"面板中单击"复制当前帧"按钮复制帧，将云朵图层移动到画布顶端，并将云朵蒙版图层移动到底部。

（14）按住 Shift 键选中"动画"面板中的两帧，单击"动画"面板中的"过渡"按钮，如图 5 - 27 所示，在"过渡"对话框中进行图 5 - 28 所示的设置。在"过渡"对话框中单击"确定"按钮，在"动画"面板中选择并删除最后一帧，如图 5 - 29 所示。

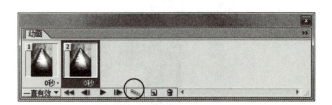
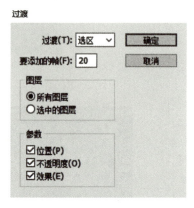

图 5 - 27　添加过渡效果　　　　　　　　　图 5 - 28　过渡效果参数设置

（15）在"优化"面板中进行图 5 - 30 所示的设置。

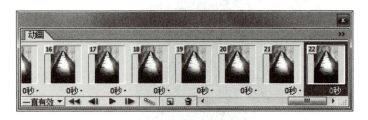

图 5 - 29　将最后一帧删除　　　　　　　　图 5 - 30　"优化"面板参数设置

（16）在工具选项栏中单击"预览文档"按钮 ，观看动画效果，如果效果满意，则按"Ctrl + Alt + Shift + S"组合键保存 GIF 动画。

在 ImageReady 中优化图像的操作可在图像窗口中完成，但在优化图像时必须配合使用"优化"和"颜色表"面板。

1. "优化"面板

在"优化"面板中，可以设置图像文件格式、色彩显示方式、颜色混合方式、颜色数量、是否保持透明、透明区域以哪种颜色取代和下载时显示方式等内容。选择"格式"为"GIF"时，"优化"面板如图 5 - 31 所示。

GIF 格式的"优化"面板中各选项含义如下。

A. "格式"下拉列表。在这个下拉列表中可以选择优化图像的格式。

B. "深度减低"下拉列表。通过这个下拉列表可以选择哪些颜色作为 GIF 中的颜色，它有 9 个颜色方案选项，如果选择"自定"选项，可以在"颜色表"面板中设置颜色。

C. 仿色：在包含连续色调（尤其是颜色渐变）的图像中，设置仿色可以防止出现颜色过渡不均匀的现象。

D. 透明度：勾选"透明区域"复选框后，可以在该区域中选择对部分透明的像素应用仿色的方法。

E. "交错"复选框：勾选该复选框后，在整个图像文件的下载过程中，可以在浏览器中以低分辨率显示图像。

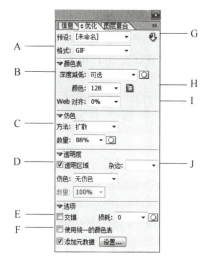

图 5 – 31　"优化"面板（GIF）

F. "使用统一的颜色表"复选框：勾选该复选框可对所有翻转状态使用同一颜色表。

G. 单击该箭头图标可以将当前面板中的参数设置创建成一个可执行文件（.exe），以便应用到一个图像或批处理的图像中。

H. "颜色"下拉列表：可以设置 GIF 格式的颜色数，范围是 2～256。

I. "Web 对齐"下拉列表：指定将颜色转换为最接近的 Web 调板颜色的容差级别，值越大，转换的颜色越多。

J. "杂边"下拉列表：用于指定图像中透明像素的填充色，图像中完全透明的像素由选中的颜色填充，部分透明的像素与选中的颜色混合。

2. "颜色表"面板

"颜色表"面板主要用于显示图像中所使用的颜色数目，如图 5 – 32 所示。

只有当在"优化"面板中设置为 GIF 或 PNG – 8 图像文件格式，并且在图像窗口中选择"优化""双联"或"四联"模式时，在"颜色表"面板中才会显示当前图像的颜色表。若按 Shift 键再单击"颜色表"面板中的颜色，则可选取多个颜色。

图 5 – 32　"颜色表"面板

当在"优化"面板中重新设置颜色数目时，该面板中的颜色数目也会产生相应的变化。

"颜色表"面板的底部有 5 个功能按钮，从左至右依次如下。

"映射透明度"按钮：选中一种或多种颜色后，单击该按钮，可以将选中的颜色映射为透明度，在优化图像中添加透明度。

"Web 转换"按钮：选中一种或多种颜色后，单击该按钮，可以将选中的颜色转换为 Web 调板中最接近的颜色，这样可以保护颜色不在浏览器中仿色。

"锁定"按钮：选中一种或多种颜色后，单击该按钮，可以将选中的颜色锁定，防止它们在颜色数量减少时删除和应用程序中的仿色。

"新建颜色"按钮：单击该按钮，可以将前景色添加到颜色表中。

"删除"按钮：选中一种或多种颜色后，单击该按钮，可以将选中的颜色删除，以减小图像文件大小。

了解了"优化"面板和"颜色表"面板的功能后，下面介绍优化图像的操作。

（1）将图像窗口切换到"优化""双联"和"四联"模式下，由于在"四联"模式下，用户可以在各个窗口中设置不同的图像格式和参数、比较产生的效果，所以一般选择"四联"模式。

（2）打开"优化"和"颜色表"面板。

（3）在"四联"模式下，单击一个预览窗口（被选中的窗口有一个黑色边框）。

（4）在"优化"面板中的"设置"下拉列表中选择一种预设的图像格式。

（5）在"优化"面板中，参看前面对"优化"面板的介绍设置各参数，使图像文件大小和图像效果都达到最佳。

（6）在"优化"面板中将"颜色"数值设置得低一些，可得到更小的图像文件。

（7）在"颜色表"面板中，可以把在图像中作用不大的中间色彩从颜色表中删除，从而减小文件的大小。不过具体删除哪些颜色需要仔细对照比较，才能在影响图像品质较小的情况下获得最小的文件尺寸。

> **提示：**
>
> 选择"优化"面板菜单中的"自动重建"命令，可以将"优化"面板中所做的设置即时更新到图像窗口中。

5.5　课后练习

1. 文字变形动画的制作

在 ImageReady 中制作文字不断变形的动画效果。

参考步骤如下。

（1）创建新文档，输入文字（这里用的是 Arial 字体，字号为 18 号），然后在"文字工具"的选项栏单击"创建文字变形"按钮，如图 5－33 所示。

图 5－33　创建新文档并输入文字

（2）设置需要的样式，这里选择的是"扇形"，弯曲度为"－50%"，如图 5 – 34 所示。

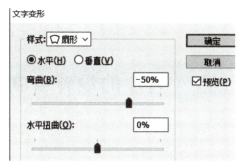

图 5 – 34　设置样式和弯曲度

（3）单击"动画"面板中的"复制当前帧"按钮，复制出一个帧，再修改文字变形的弯曲度为 +50% 。

（4）单击"动画"面板中的"过渡"按钮，添加 5 个过渡帧，如图 5 –35 所示。

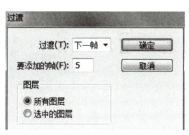

图 5 – 35　添加过渡帧

（5）制作变形回来的动画，方法与上述差不多。选择最后一帧，单击"动画"面板中的"复制当前帧"按钮，复制出一个帧，然后设置文字变形的弯曲度为 – 50% ，再添加一个 5 个过渡帧，动画效果就完成了。调整更多的文字变形参数，还可以得到更加丰富多彩的效果。

2. 广告条的制作

根据素材制作广告条的动态效果。效果如图 5 – 36 所示。

图 5 –36　广告条的动态效果

简要操作方法：在 Photoshop 中打开广告条图像并复制图层，调整每一层的颜色。添加文本，为文本层设置"投影""斜面和浮雕""描边"图层样式，保存好图像文件后，转到ImageReady 中添加帧，设置过渡帧，优化图像后保存图像为 GIF 格式。

第6章 名片的设计与制作

◎**要点难点分析**

要点：

（1）名片的基本知识；

（2）名片实例操作。

难点：

名片的设计与制作。

难度：★★★

◎**学习目标：**

（1）掌握名片的基本知识；

（2）熟练运用 Photoshop 制作名片；

（3）树立正确、进步的审美观，具有高尚、健康的审美理想和审美情趣；

（4）具备敬业、精益、专注、创新的工匠精神。

6.1 名片的基本知识

6.1.1 名片的分类及用途

（1）**个人名片**：其用途是进行个性化个人介绍，展示自我特色，不用考虑更多的商业因素，但需要有设计韵味。

（2）**商务名片**：日常交往中最常见的名片。

（3）**促销卡/打折卡**：一张精美的促销卡/打折卡很难被人们遗忘，常见于美容美发、鲜花、礼品、机票等行业。

（4）**会员卡/贵宾卡**：吸引客户的一种重要手段。市场研究证明，保证现有的客户比吸引新的客户更容易，保证客户不可缺少的就是对他们忠诚给予奖励。

（5）**产品名片**：又称为"吊牌"，大多数产品都会使用吊牌，一个设计美观的吊牌会让产品档次大幅提高。

（6）**店面名片**：服务行业经常会用到的一种卡片，把店面的照片放在店面名片上，配上经营项目、服务内容等信息，让客户有需求的时候可以随时联系。

（7）**价签价格牌**：主要应用于鲜花店、礼品店、面包房、小商店、饰品店等。

6.1.2 名片内容的选择

设计名片首先要确定名片内容。名片内容主要分为文字与图形。文字内容主要有名片持有者的姓名、头衔、职务与职称、工作单位、联系地址与联系方式，有时还要列出产品或服务项目、收款账户与开户银行，若有必要还可以印上公司的位置详图及公司的座右铭。图形内容主要有图片、商标、线条、底纹。

6.1.3 名片排版

名片内容选好后，还得把它们排列起来，形成名片的框架。可以采用横式，也可以采用竖式和折卡式。把文字、图片、标志、色块、图形进行有机的排列组合，最后在计算机中形成名片。

6.1.4 名片纸张

四色名片：即彩色印刷名片，现在流行的常用纸张为铜板纸和白卡纸，大型印刷机的介入使名片表现更加容易。印刷名片的常备纸张还有亚粉纸、布纹纸等。

专色名片：即名片机印刷名片，现在很多名片选择 PANTONE 色来表现，这需要调整墨色来印刷，这种类型的名片在纸张选择方面有很多优势，有几百种纸张可以选择，更能突出个性。

6.1.5 名片制作工艺

从印刷方式来看可以分为：胶印名片、四色名片（彩色胶印名片）、数码印刷名片、金属名片、PVC 卡片名片等。

从制作工艺上可以分为：烫金名片（常见的有：黄金、亚金、红金、蓝金）、浮雕名片（两块版把想要凸出的部分轧型）、鼓字名片（印刷好的名片在想凸出的部分用树脂加热突出）、异型名片（模切成想要的形状也叫闷切）、折卡（折叠式可以显示更多信息）等。

（1）**过胶名片**（即覆膜名片）印刷：可以增加名片的耐久性与美观性。常用的方式有过亚胶（亚膜）和过亮胶（亮膜）。过胶名片制作比较简单，一般在印刷的时候一气呵成。

（2）轧型（即模切异型名片）制作：以钢模刀加压将名片切成不规则造型，常用于切圆角，以及制作公司 LOGO、象征图案等。

（3）起鼓名片制作：将特殊的树脂粉末加热后覆盖在想要突出的文字或图案上，使文字或图案具有浮雕的效果。

（4）打孔名片制作：类似活页画本穿孔，有一种缺陷美。

（5）烫金名片制作：为了加强表面的视觉效果，把文字或纹样以印模加热压上金箔、银箔等材料，形成金、银等特殊光泽，常用的色彩有金色、亚金、蓝金、红金、绿金等，一般应用于公司名称、公司 LOGO、企业商标、彩色标志边缘等，可以起到画龙点睛的作用。

（6）局部 UV 上光名片制作：加强表面视觉效果的常用印刷方法，常用的材料有树脂、胶油等。

（7）浮雕名片制作：在纸面上压出凸凹纹饰，以增加表面的触觉效果，这类名片常具有浮雕的视觉感。

6.2　名片案例操作

6.2.1　制作技巧

名片除了可以宣传自己，还可以宣传企业。在数字化信息时代，名片以其特有的形式传递企业、个人及业务等信息，在很大程度上方便了人们的生活。名片可以分为 3 类：身份标识类名片、业务行为标识类名片、企业 CI 系统名片。

名片设计的基本要求应强调三个字：简、准、易。

（1）简：名片传递的主要信息要简明清楚，构图完整明确。

（2）准：注意质量、功效，尽可能使传递的信息准确。

（3）易：便于记忆，易于识别。

目前国内通用的名牌规格为 9 厘米(长)×5.5 厘米(宽)。这是制作名片时的首选规格。此外，名片还有两种常见的规格：10 厘米(长)×6 厘米(宽)和 8 厘米(长)×4.5 厘米(宽)。前者多为境外人士使用，后者则为女士专用。

本节制作一张音乐茶吧的名片，通过本节的学习，读者应掌握名片制作的要点，可以随心所欲地制作出具有特色的名片。

6.2.2　实例欣赏

本实例的最终效果如图 6−1 所示。

图 6 – 1　最终效果

6.2.3　实例讲解

（1）执行"文件"→"新建"命令，或按"Ctrl + N"组合键，打开"新建"对话框，设置名称为"名片设计"，设置"宽度"为 9 厘米，"高度"为 5.5 厘米，分辨率为 300 像素/英寸，其他参数设置如图 6 –2 所示，单击"确定"按钮确认。

（2）选择工具箱中的渐变填充工具，单击其属性栏，打开"渐变编辑器"对话框，参数设置如图 6 – 3 所示，其中左边色标的 RGB 值为（221，164，21），右边色标的 RGB 值为（39，30，18），单击"确定"按钮确认。

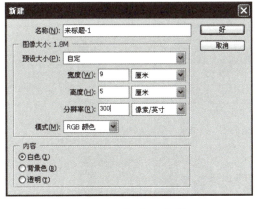

图 6 – 2　"新建"对话框

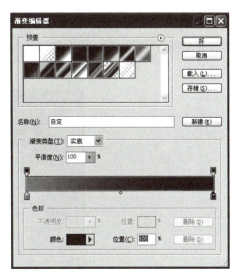

图 6 – 3　"渐变编辑器"对话框

（3）在属性栏中单击径向渐变按钮，用鼠标指针从上至下创建径向渐变，如图 6 – 4 所示。渐变效果如图 6 –5 所示。

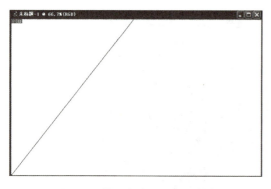

图6-4 使用渐变工具拉出渐变

图6-5 渐变效果

（4）单击"图层"面板下方的新建图层按钮，新建"图层1"。选择工具箱中的"矩形选框工具"，创建图6-6所示的矩形选框。

图6-6 创建矩形选框

（5）选择工具箱中的"渐变填充工具"，单击其属性栏，打开"渐变编辑器"对话框，参数设置如图6-7所示，其中左边色标的RGB值为（225，225，225），右边色标的RGB值为（181，125，62），单击"确定"按钮确认。

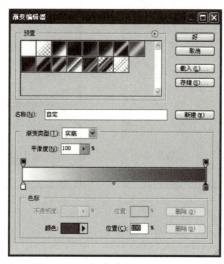

图6-7 "渐变编辑器"对话框

（6）按住 Shift 键将鼠标指针在选区中从左至右水平拖动，创建线性渐变，效果如图6–8所示。

（7）执行"文件"→"打开"命令，或按"Ctrl + O"组合键打开图6–9所示的素材图片。

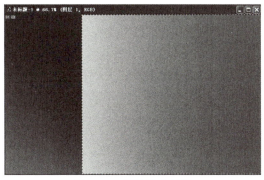

图6–8　线性渐变效果

（8）选择"图层"面板，将"背景"图层解锁，然后复制一个图层，执行"图像"→"调整"→"去色"命令，再执行"图像"→"调整"→"亮度与对比度"命令，调整相关参数，如图6–10所示，效果如图6–11所示。

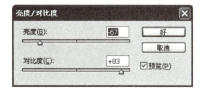

图6–9　素材图片　　　　　图6–10　"亮度/对比度"对话框

图6–11　调整后效果

（9）执行"选择"→"色彩范围"命令，调整相关参数，如图 6 – 12 所示。单击"好"按钮建立选区，然后将选区移到"背景"图层，按 Delete 键删除选区，得到图 6 – 13 所示效果。

图 6 – 12　"色彩范围"对话框

图 6 – 13　删除选区后的效果

（10）选择工具箱中的"移动工具"，将获取的主题图像拖动至当前工作画面中，对图像进行调整，如图 6 – 14 所示。

图 6 – 14　调整图像位置

（11）选择"图层"面板，新建"图层 3"，选择工具箱中的"钢笔工具"绘制图形，按"Ctrl + Enter"组合键建立新的选区，如图 6 – 15 所示。

图 6 – 15　使用钢笔工具绘制路径并转换为选区

（12）选择"图层"面板→"图层 3"，建立选区，选择工具箱中的"渐变填充工具"，单击其属性栏，打开"渐变编辑器"对话框，参数设置如图 6 – 16 所示，其中左边色标的 RGB 值为（225，225，225），右边色标的 RGB 值为（181，125，62），单击"确定"按钮确认，然后拉动渐变，得到图 6 – 15 所示效果。

图 6 – 16　"渐变编辑器"对话框

（13）选择"图层"面板→"图层 3"，将其复制 2 个得到"图层 3 副本"和"图层 3 副本 2"，分别调整"图层 3 副本"和"图层 3 副本 2"上图形的位置，如图 6 – 17 所示。

图 6 – 17　复制图层

（14）对"图层3""图层3副本"和"图层3副本2"进行链接，如图6-18所示，执行"图层"→"合并链接图层"命令，将其合并得"图层3"；按"Ctrl+T"组合键打开自由变换调节框，对工作路径进行透视变换以及旋转变换，变换后效果如图6-19所示。

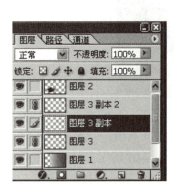

图6-18　链接图层

图6-19　变换图层

提示：

　　对于上述步骤（11）~（14），如果在Photoshop CS及更新的版本中可以直接选择工具箱中的"自定形状工具"，在属性栏中选择波浪形状，设置其参数，然后建立选区也可以得到相应效果。

（15）将"图层3"复制一个副本图层，并将图层的不透明度调整为100%。按"Ctrl+T"组合键打开自由变换调节框，对"图层3副本"进行调整，变换后的效果如图6-20所示。

图6-20　复制图层并进行编辑

（16）将"图层3副本"的图层混合模式调整为"正片叠底"，不透明度调整为54%，效果如图6-21所示。

（17）选择"图层"面板，新建一个图层，选择工具箱中的"自定形状工具"，在其属性栏中单击填充像素按钮，打开形状下拉列表，在其中选择几个不同的音乐形状，创建音乐图形，如图6-22所示。

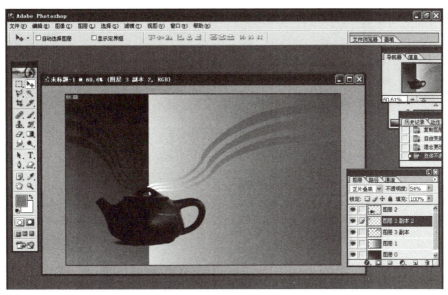

图6-21 更改图层混合模式

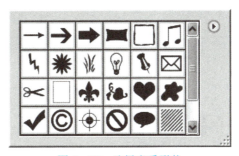

图6-22 选择音乐形状

（18）选择"图层"面板，建立选区，选择工具箱中的"渐变填充工具"，单击其属性栏，打开"渐变编辑器"对话框，参数设置如图6-16所示，其中左边色标的RGB值为（225，225，225），右边色标的RGB值为（181，125，62），单击"确定"按钮确认，然后拉动渐变；填充渐变后复制图层，按"Ctrl+T"组合键调整大小和位置，得到图6-23所示效果。

图6-23 使用"自定形状工具"绘制图形

（19）执行"文件"→"打开"命令，或按"Ctrl + O"组合键打开图 6 - 24 所示的素材图片。

（20）按上述步骤（8）、（9）操作，得到效果如图 6 - 25 所示。

（21）选择工具箱中的"移动工具"，将图 6 - 25 所示的图层拖至当前工作画面中，对图像进行调整，如图 6 - 26 所示。

图 6 - 24　素材图片　　　　　　　　图 6 - 25　抠取图像

图 6 - 26　移动图层并编辑

（22）将图 6 - 25 所示的图形所在图层的图层样式设置为"内发光"如图 6 - 27 所示，图像效果如图 6 - 28 所示。

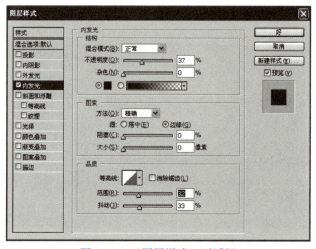

图 6 - 27　"图层样式"对话框

图 6 – 28 添加图层样式后的效果

(23）选择工具箱中的"文字工具"，在其属性栏中设置合适的字体以及字号、颜色，输入名片内容，名片制作完成，最终效果如图 6 – 1 所示。

6.3 课后练习

1. 利用扫描仪扫描本书的封面。

要求如下。

（1）按 150dpi 的分辨率，以专业模式扫描本书的封面，要求对扫描仪器的使用和设置操作准确。

（2）将扫描的结果导出到 Illustrator 中，保存为 AI 格式，然后在 Illustrator 中打开。

注意事项：在扫描图像之前，首先安装扫描仪的驱动程序，并用数据线将其与计算机相连，为了保证扫描的效果，应该在弹出的对话框中设置好图像要求的扫描色彩模式、分辨率和动态范围等，然后单击"预览"按钮查看效果，只有预览效果符合要求才扫描图像，方法是拉伸矩形以框选要扫描的范围，最后设置完毕以后执行"扫描"命令。

2. 打印设置和打印输出。用 Photoshop 打开光盘"素材/第 6 章/练习"中的"横向"图片（图 6 – 29）和"纵向"图片（图 6 – 30），然后分别按图像格式打印，要求对打印的使用和设置操作准确。

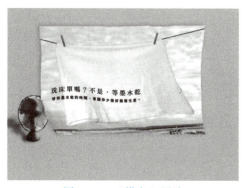

图 6 – 29 "横向"图片

图 6 - 30 "纵向"图片

注意事项：在打印图像之前，首先安装打印机的驱动程序，并用数据线将其与计算机相连，为了保证打印的效果，应该在弹出的对话框中设置好打印模式、使用的纸张等，然后单击"打印预览"按钮查看效果，若预览效果符合要求，则执行"打印"命令。

第7章 宣传折页的设计与制作

◎要点难点分析

要点：

（1）宣传折页设计的基本常识；

（2）旅游宣传折页的制作；

（3）家具公司产品宣传折页的制作。

难点：

宣传折页的设计与制作。

难度：★★★★

◎学习目标

（1）了解宣传折页的基本结构及内容；

（2）掌握宣传折页的设计流程及方法；

（3）树立正确、进步的审美观，具有高尚、健康的审美理想和审美情趣；

（4）具备敬业、精益、专注、创新的工匠精神。

7.1 宣传折页设计的基本常识

宣传折页是商业贸易活动中的重要媒介体，它通过邮寄向消费者传达商业信息，也称为"邮件广告""直邮广告"等。宣传折页具有针对性、独立性和整体性的特点。下面仅介绍其针对性和独立性。

1. 针对性

宣传材料可分为三类：第一类是宣传卡片（包括传单、宣传折页、明信片、贺年片、企业介绍卡、推销信等），用于提示商品、介绍活动和宣传企业等；第二类是样本（包括各种册子、产品目录、企业刊物、画册），用于系统展现产品，包括前言，企业领导致辞，各部门、各种商品、成果的介绍，未来展望和介绍服务等，目的是树立企业的整体形象；第三类是说明书，一般附于商品包装内，用于让消费者了解商品的性能、结构、成分、质量和使用方法。

其中，宣传折页以一个完整的宣传形式，针对销售季节或流行期，针对有关企业和人员，针对展销会、洽谈会，针对购买货物的消费者进行邮寄、分发、赠送，以扩大企业、商品的知名度，推售产品和加强购买者对产品的了解，强化了广告的效用。

2. 独立性

宣传折页自成一体，无须借助其他媒体，不受其他媒体的宣传环境、公众特点、信息安排、版面、印刷、纸张等各种限制，又称为"非媒介性广告"。宣传折页的纸张、开本、印刷、邮寄和赠送对象等都具有独立性。

正因为宣传卡具有针对性和独立性的特点，因此要充分让它为商品宣传服务，应当从构思到形象表现，从开本到印刷、纸张都提出高要求，让消费者爱不释手。

1）纸张

宣传折页根据不同形式和用途选择纸张，一般使用铜版纸、卡纸、玻璃卡纸等。

2）开本

宣传折页的开本有 32 开、24 开、16 开、8 开等，还有的采用长条开本和经折叠后可形成新形状的异型开本。开本大的宣传折页利于张贴，开本小的宣传折页利于邮寄、携带。

3）折叠

折叠的方法主要有"平行折"和"垂直折"两种，并由此演化出多种形式。"平行折"即每一次折叠都采用平行的方向，如一张 6 页的折纸，将一张纸分为 3 份，左、右两边在一面向内折入，称为"折荷包"；左边向内折、右边向反面折，称为"折风琴"；6 页以上的"折风琴"方式，称为"反复折"。

4）整体设计

在确定了新颖别致、美观、实用的开本和折叠方式的基础上，宣传折页的外页（包括封面和封底）要抓住产品的特点，运用摄影或其他形式以及牌名、商标、企业名称、联系地址等，以定位的方式、艺术的表现吸引消费者；而内页要详细地反应产品的内容，做到图文并茂。对于专业性强的精密复杂的产品，实物照片与工作原理图应并存，以便于使用和维修。封面形象需色彩强烈而显目；内页色彩应相对柔和以便于阅读。对于复杂的图文，要求讲究排列的秩序性并突出重点。对于众多的张页，可以作统一的大构图。封面、内页要构成形式、内容的连贯性和整体性，统一风格气氛，营造一个主题。

📝 7.2　案例操作

7.2.1　旅游宣传折页的制作

1. 实现步骤第一部分——制作外页

（1）新建一个空白的文件，在弹出的"新建"对话框中，参数设置如图 7 - 1 所示。宽度为 291 毫米, 高度为 216 毫米, 分辨率为 300 像素/英寸, 颜色模式为 CMYK 颜色。其中高度和宽度中包括了上、下、左、右各需留出的 3 毫米"出血"。

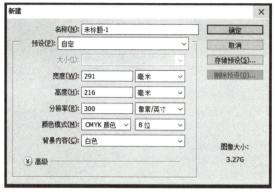

图 7 - 1 "新建"对话框

（2）在尺寸为 291 毫米×216 毫米的文件中, 从标尺上拉出辅助线到 3 毫米"出血"线位置和 145.5 毫米处, 如图 7 - 2 所示。对当前文件进行保存, 并保存一个副本以作为后面制作内页时的标准尺寸。

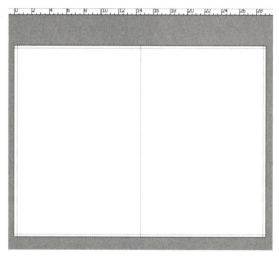

图 7 - 2 拉出辅助线

（3）导入图 7 - 3 所示素材一, 并将图片转换为 CMYK 模式, 选择"图像"→"调整"→"CMYK 颜色"选项。对素材一进行适当的裁剪, 并使用"曲线"调整色阶, 如图7 - 4 所示, 然后拉进"旅游宣传折页封面"文件中, 按照辅助线已经分割好的平面空间, 进行设计创作, 如图 7 - 5 所示。

图 7 - 3 素材一

图 7-4　调整色阶

图 7-5　导入素材一

（4）置入旅游宣传信息文字，并调整好大小、颜色和位置，如图 7-6 所示。

图 7-6　置入并调整文件

（5）使用同样的方法制作封底，导入图7-7所示的标志和素材，对素材进行适当的裁剪。使用"文字工具"添加公司信息，放置在合适的位置，完成外页的制作，如图7-8所示。

图7-7 标志和素材

图7-8 旅游宣传折页外页

2. 实现步骤第二部分——制作内页

（1）打开"旅游宣传折页外页副本"文件，另存为"旅游宣传折页内页"。置入图片，适当调整亮度，并按照辅助线的位置，调整大小、尺寸，使图片与"出血"参考线保持一定的距离，如图7-9所示。

图7-9 导入素材文件

（2）选择"文字工具"，输入与图片相对应的介绍文字，并选择合适的字体和字号。根据设计构图将文字移到图片的左下角，如图7-10所示。

图7-10　输入介绍文字

（3）选择一张素材图片，根据画面的构图以背景色的宽度为基准进行剪裁，然后将其拖到页面右边，调整到合适的位置，如图7-11所示。

图7-11　导入素材

（4）重新选择3张素材图片，并调整成宽度相等，垂直排列在页面左边并与上面的图片右边缘对齐，如图7-12所示。选择"文字工具"，在页面右边的合适位置拖动，在拖出的段落文本框中输入相关的介绍文字，完成旅游宣传折页内页的制作，如图7-13所示。

图7-12　导入素材

图 7 – 13 输入说明性文字

最终的效果如图 7 – 14 所示。

图 7 – 14 旅游宣传折页外页与内页的最终效果

7.2.2 家具公司产品展示三折页的制作

1. 实现步骤第一部分——制作外页

（1）新建一个文件，参数设置如图 7 – 15 所示。一般三折页的标准尺寸为 210 毫米 × 285 毫米，两边要求各留 3 毫米的"出血"。

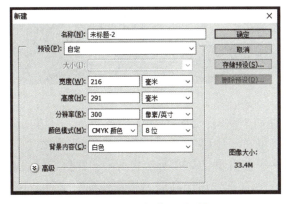

图 7 – 15 "新建"对话框

（2）显示出标尺（快捷键"Ctrl + R"），在上、下、左、右"出血"的位置和中心线各拉一条辅助线，并在9.8毫米、19.3毫米的位置各拉一条参考线，如图7-16所示。保存当前文件，并另存一个副本作为内页的参考尺寸。

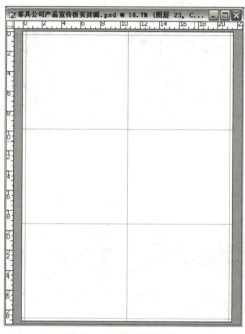

图7-16　拉出辅助线

（3）设置前景色为黑色，填充"背景"图层。新建图层，建立一个比外页封面稍小的选区，填充暗红色，如图7-17所示。

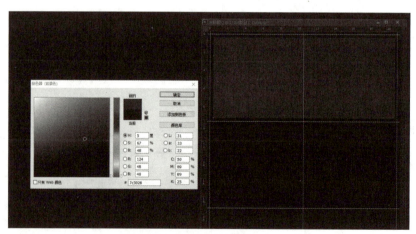

图7-17　新建一个颜色填充图层

（4）轻移选区，新建两个图层，对第二页填充淡灰色，对第三页填充白色，如图7-18所示。为了方便管理，可以在"图层"面板上添加图层组，如图7-19所示。

（5）首先设计封面一。打开图7-20所示素材一，并执行"图像"→"调整"→"去色"命令。将此素材拉入"家具公司产品展示折页外页"文件，进行适当的变换，并放置到图7-21所示"图层1"上，将图层混合模式改为"正片叠底"。

图7-18 添加新的颜色图层　　　　图7-19 添加图层组

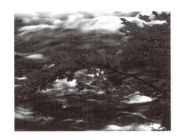

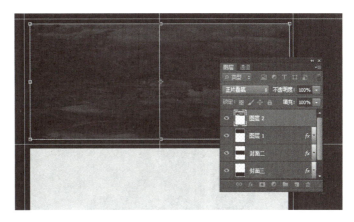

图7-20 素材一　　　　图7-21 导入素材并作相应的更改

（6）复制"图层1"，将"图层1副本"放置到"图层2"上面，将图层混合模式改为"正片叠底"，如图7-22所示。

图7-22 更改图层混合模式

（7）使用"文字工具"，将家具公司的名称、简介、地址等相关内容输入封面，并调整为合适的字体、字号与位置，如图7-23所示。

图 7 - 23　设计折页封面一

（8）设计折页封面二。同样导入素材，进行去色，放置到合适的位置，如图 7 - 24 所示。

图 7 - 24　导入素材

（9）为素材所在图层添加图层蒙版，并使用"渐变工具"，设置渐变为黑白线性渐变，在蒙版上拉一条水平的渐变出来，得到图 7 - 25 所示效果。

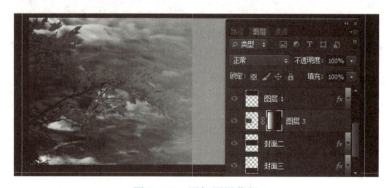

图 7 - 25　添加图层蒙版

（10）打开图 7 - 26 所示图片，并进行相应的裁剪，导入文件。为了使图片在整个画面中不至于太单调，分别使用"直线工具"和"椭圆工具"，得到图 7 - 27 所示效果。

图 7 – 26　导入素材　　　　　　图 7 – 27　使用"椭圆工具"和"直线工具"修饰

（11）使用"文字工具"，选择合适的文本字体、字号与位置，添加厂房介绍与公司服务等相关内容，完成折页封面二的设计，如图 7 – 28 所示。

图 7 – 28　设计折页封面二

（12）打开本节内容中的素材三~素材十五，导入文件，制作折页封面三。将所有素材都调整为同等大小，摆放在合适的位置，效果如图 7 – 29 所示。

图 7 – 29　设计折页封面三

（13）折页外页最终效果如图7-30所示。

图7-30　家具公司宣传折页外页最终效果

2. 实现步骤第二部分——制作内页

（1）打开上一步骤中保存的"家具公司宣传折页外页副本"文件，另存为"家具公司宣传折页内页"。选择前景色为黑色，对"背景"图层进行填充，如图7-31所示。

（2）选择图7-32所示素材图片，将素材图片拉入文件，得到图7-33所示效果。

（3）对当前"素材"图层进行复制，并进行适当的裁剪，然后水平翻转。导入图7-34所示素材，得到图7-35所示效果。

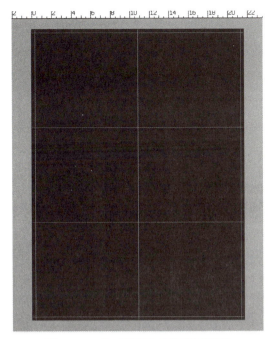

图 7 - 31 为 "背景" 图层填充黑色

图 7 - 32 素材图片

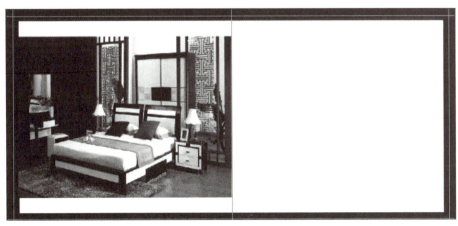

图 7 - 33 导入素材效果

图 7 – 34　素材图片

图 7 – 35　导入素材效果

（4）使用"直线工具"绘制直线。使用"文字工具"输入相关的产品介绍，最终效果如图 7 – 36 所示。

图 7 – 36　内页一

（5）用同样的方法，根据所给的素材制作内页二和内页三。家具公司产品宣传折页内页的最终效果如图 7 – 37 所示。

图 7－37 家具公司产品宣传折页内页最终效果

7.3 折页实用附件（尺寸、材料、工艺）

平面设计常用折页制作尺寸如下。

正度纸张尺寸为 787 毫米×1 092 毫米，具体见表 7－1。

表7-1　正度纸张开本尺寸

开数	尺寸/毫米
全开	781×1 086
2开	530×760
3开	362×781
4开	390×543
6开	362×390
8开	271×390
16开	195×271

注：成品尺寸＝纸张尺寸－修边尺寸。

大度纸张尺寸为850毫米×1 168毫米，具体见表7-2。

表7-2　大度纸张开本尺寸

开数	尺寸/mm
全开	844×1 162
2开	581×844
3开	387×844
4开	422×581
6开	387×422
8开	290×422

注：成品尺寸＝纸张尺寸－修边尺寸。

三折页广告标准尺寸为（A4）210毫米×285毫米

印刷折页工艺有手工折页和机器折页两种。单张纸印刷的大幅面印张，都需要经过手工或折页机折页才能成为书帖。卷筒纸书刊轮转印刷机上带有专门的折页机构，因此印刷折页在一台机器上连续完成。

1. 手工折页

用手工把印完的印张按页码顺序和规定的幅面折成书帖，称为手工折页。随着装订机械化程度的提高，手工折页在书刊印刷中用得越来越少，目前只有印数较少的书籍、零头书页、尾数补救和返修书页，还有一些特殊折法的书帖用手工来完成。手工折页的工具为一张折页台和一根折页板。根据试折的情况，将印页摆好，然后进行二折、三折、四折，如图7-38所示。折好一帖后，检查页码顺序是否准确，页码和折缝是否齐整，折成书帖的折标是否居中在折缝上等，然后将折好的书帖撞齐并捆扎。

2. 机器折页

机器折页是把待折的印张，按照页码顺序和规定的幅面，用机器折叠成书帖。

目前常用的折页机都是由给纸装置、折页机构和收帖机构3个部分组成。

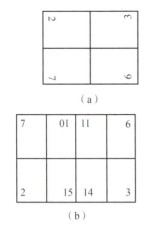

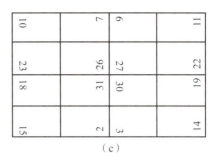

图 7 - 38　手工折页

给纸装置主要担负分离和输送纸张的任务，能准确地将印刷页输送到折页部分。

折页机构将给纸装置输送来的印刷页按开本的幅面，依页码顺序折叠成书帖。

收帖机构将折成的书帖有规律地进行堆积。

1）折页准备

折页机构是折页机上最主要的部分，它的装配精度和调整精度直接影响折页的质量。因此，在开启折页机之前，需要对折页机各部分进行检查和调节，主要检查和调节的内容如下。

（1）装纸前要检查印张有无差错，使用环包式装纸形式时，印张放在输纸台上应均匀地按阶梯状把每张纸错开1.5～2毫米的间距，印张上的最小页码朝上，折标朝上。使用平台式输纸形式时，将印张整齐地平放在堆纸台上，最小页码朝下，装纸要及时，不可影响输纸速度，保证折页的顺利进行。

（2）检查侧规和挡规（前规用于保证印张的横向和纵向的定位）。

（3）使用栅栏式折页机时，根据不同折数的折页要求，使用或封闭各个栅栏，完成一折或几折的多种折页方式与幅面的折叠。

（4）根据折页的方式、纸张的厚度和每折的页数调节折页辊之间的距离和中心线的位置，使印张被压入两个折页辊缝的两端高低一致，以保证印张输送的速度，使折页平稳，避免出现印张歪斜或撕破皱折现象。

（5）根据调好的折页辊的间距，调定折刀的正确位置。

折页机上还装有切断和打孔装置。切断装置的作用是将全张印刷页在一折的过程中裁为两张。从全张刀式折页机的性能来看，它的第二折部分有两套折页装置，经第一折后只有裁开才可进行第二折，否则无法进行折页。另外，印张裁开以后，使书页折成书帖后厚度减小，从而提高折页的精度。裁切后的纸边刀口应光滑，否则应检查或调换分纸刀。打孔装置的作用是在下一折的折缝线上预先打一排长孔，以便在折叠时排出纸内的空气，防止折页时产生皱纹。打孔刀的位置与折缝必须一致，并应将书帖折缝划破、划透，但不得将其划断，以免散页和掉页。在四折线上的打孔装置，用于无线胶订的打孔，装订时胶液通过划破的刀口渗透到书帖订口的每一页，从而使每张书页都互相粘牢。

2）折页过程

由于印张幅面与书刊开本尺寸不同，特别是与印刷用纸的厚度不同，所以对折页的次数（书帖中的页数）要求也不一样。一般为二折页、三折页，最多为四折页。8面/帖（即二折页），一般应用于厚纸或零头页帖；16面/帖（即三折页），应用于一般书帖，为基本帖；32面/帖（即四折页），应用于薄质纸或一般书帖的书页。

目前常用的ZY102型和ZY104型全张刀式折页机，能把全张印刷页折叠成所需幅面的两个折帖。折叠方式为二折页、正反三折页、四折页、双联页等。ZY102型全张刀式折页机32开折页的过程如图7-39所示。图7-39（a）所示为全张印页沿箭头方向进入折页机，A-A为第一折线；图7-39（b）所示为经第一折刀折叠后的幅面，其中B-B为裁切线，C-C为第二折折线；图7-39（c）所示为经第二折刀折成的两贴相同的8开幅面书页，D-D为第三折；图7-39（d）所示为第三折刀折叠成的两帖相同的16开幅面书页，E-E为第四折线；图7-39（e）所示为经第四折刀折叠成两帖32开单联书帖。

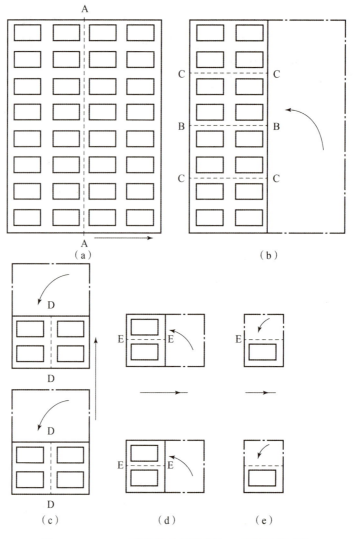

图7-39　ZY102型全张刀式折页机32开折页的过程

📋 7.4 课后练习

　　根据本章学习的基本知识，收集各类自己喜欢的参考图片，根据参考图片结合本书提供的素材制作具有个人风格的宣传折页。

第8章　平面广告的设计与制作

◎ **要点难点分析**

要点：

（1）平面广告的基本知识（分类与特点）；

（2）报纸广告实例操作；

（3）商场促销广告实例操作；

（4）海报实例操作；

（5）公益广告实例操作。

难点：

（1）运用 Photoshop 制作报纸广告；

（2）运用 Photoshop 制作商场促销广告；

（3）运用 Photoshop 制作海报；

（4）运用 Photoshop 制作公益广告。

难度：★★★★★

◎ **学习目标：**

（1）掌握平面广告的基本知识；

（2）熟练运用 Photoshop 制作报纸广告；

（3）熟练运用 Photoshop 制作商场促销广告；

（4）熟练运用 Photoshop 制作海报；

（5）熟练运用 Photoshop 制作公益广告；

（6）学会合理使用图片，具备版权保护意识；

（7）树立正确、进步的审美观，具有高尚、健康的审美理想和审美情趣；

（8）具备敬业、精益、专注、创新的工匠精神；

（9）增强对中国传统文化的认识，培养文化自信。

8.1 平面广告的基本知识

8.1.1 广告的概念

广告就是广而告之的意思。

广告是为了某种特定的需要，通过一定形式的媒体并消耗一定的费用，公开而广泛地向公众传递信息的宣传手段。

"广告"一词源于拉丁文"Adaverture"，其意思是吸引人的注意。在中古英语时代（约公元1300—1475年），它演变为"Advertise"，其含义衍化为"使某人注意到某件事"或"通知别人某件事，以引起他人的注意"。17世纪末，英国开始进行大规模的商业活动。这时，"广告"一词广泛地流行并被使用。此时的"广告"已不单指一则广告，而指一系列广告活动。静止的物的概念的名词"Advertise"被赋予现代意义，转化为"Advertising"。

广告有广义和狭义之分，广义广告包括非经济广告和经济广告。非经济广告指不以盈利为目的的广告，如政府行政部门、社会事业单位乃至个人的各种公告、启事、声明等。狭义广告仅指经济广告，又称为商业广告，是指以盈利为目的的广告，通常是商品生产者、经营者和消费者之间沟通信息的重要手段，或企业占领市场、推销产品、提供劳务的重要形式。

8.1.2 广告的特点

广告不同于一般大众传播和宣传活动，主要表现如下。

（1）广告是一种传播工具，是将某一商品的信息，由该商品的生产或经营机构（广告主）传送给一群用户和消费者；

（2）做广告需要付费；

（3）广告进行的传播活动是带有说服性的；

（4）广告是有目的、有计划的，是连续的；

（5）广告不仅对广告主有利，而且对目标对象也有利，它可以使用户和消费者得到有用的信息。

8.1.3 广告的要素

广告的要素有：广告主、广告公司、广告媒体、广告信息、广告思想和技巧、广告受众及广告费用。

8.1.4 广告的分类

分类的标准不同、看待问题的角度各异，导致广告的种类很多。

（1）以传播媒介为标准，广告可分为：报纸广告、杂志广告、电视广告、电影广告、网络广告、包装广告、广播广告、招贴广告、POP广告、交通广告、直邮广告。随着新媒介的不断增加，依媒介划分的广告种类也越来越多。

（2）以广告目的为标准，广告可分为：产品广告、企业广告、品牌广告、观念广告。

（3）以广告传播范围为标准，广告可分为：国际性广告、全国性广告、地方性广告、区域性广告。

（4）以广告传播对象为标准，广告可分为：消费者广告、企业广告。

（5）以广告主为标准，广告可分为：一般广告、零售广告。

8.1.5　广告的主要形式

通过报刊、广播、电视、电影、路牌、橱窗、印刷品、霓虹灯等媒介或者形式，在我国境内刊播、设置、张贴广告的形式具体如下。

（1）利用报纸、期刊、图书、名录等刊登广告；

（2）利用广播、电视、电影、录像、幻灯等播映广告；

（3）利用街道、广场、机场、车站、码头等的建筑物或空间设置路牌广告、霓虹灯广告、电子显示牌、橱窗广告、灯箱广告、墙壁广告等；

（4）在影剧院、体育场（馆）、文化馆、展览馆、宾馆、饭店、游乐场、商场等场所内外设置、张贴广告；

（5）利用车、船、飞机等交通工具设置、绘制、张贴广告；

（6）通过邮局邮寄各类广告宣传品；

（7）通过馈赠实物进行广告宣传；

（8）利用E－mail、网页横幅等进行广告宣传（数据库营销的一种）；

（9）利用呼叫中心进行广告宣传（数据库营销的一种）；

（10）利用短信、彩信进行广告宣传（数据库营销的一种）；

（11）利用其他媒介和形式刊播、设置、张贴广告。

8.2　实例：报纸广告的制作

随着我国广告市场日益成熟，各类广告不断相互影响，广告在创意、表现形式和艺术感染力等方面得到淋漓尽致的表现。报纸作为四大媒体之一，拥有众多的读者群体。

8.2.1　房产报纸广告制作技巧

广告以蓝色为主色调，以黄、绿等颜色为点缀，在广告的左上角即视觉流程第一点处，以错落、具有设计感的搭配表现广告主题。西洋乐器放在画面中间，用于营造意境。广告主要围绕楼盘意境展开，以"奏响宁静/高雅的生活乐章"为主题来表现，以"乐"为创意元素，表现楼盘的自然景观和人生品味。

在广告制作过程中，要注意素材图片的色彩应与背景色有所差别，本实例中使用"亮度/对比度"命令来调整图像亮度。在制作图像倒影时要特别注意倒影和物体的角度调整。

8.2.2　实例欣赏

本实例最终效果如图8-1所示。

图8-1　最终效果

8.2.3　实例讲解

1. 制作图形部分

（1）执行"文件"→"新建"命令，或按"Ctrl + N"组合键，打开"新建"对话框，设置名称为"清水海岸边"，设置宽度为20.5厘米，高度为21厘米，分辨率为300像素/英寸，其他参数设置如图8-2所示，单击"确定"按钮。

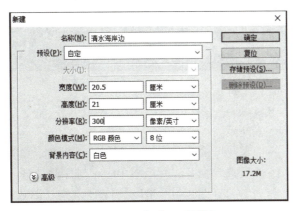

图8-2　"新建"对话框

（2）按"Ctrl + O"组合键打开图 8 – 3 所示素材图片。

图 8 – 3　素材图片

（3）在工具箱中选择"移动工具"，在"图层"面板中将素材图片图层复制，打开"钢笔工具"对复制图层进行抠图处理（图 8 – 4），得到图 8 – 5 所示效果。

图 8 – 4　用"钢笔工具"抠图

（4）执行"图像"→"调整"→"亮度"→"对比度"命令，弹出"亮度/对比度"对话框，参数设置如图 8 – 6 所示。

（5）执行"选择"→"羽化"命令，弹出"羽化"对话框，参数设置如图 8 – 7 所示。

（6）执行"选择"→"反选"命令，然后按 Delete 键删除选区如图 8 – 8 所示。

（7）按"Ctrl + O"组合键打开图 8 – 9 ~ 图 8 – 11 所示素材图片，将它们分别拖到新建文档中并调整大小及位置，效果如图 8 – 12 所示。

图 8 - 5　抠图效果

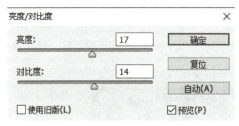

图 8 - 6　"亮度/对比度"对话框

图 8 - 7　"羽化"对话框

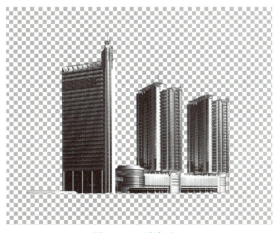

图 8 - 8　删除选区

图 8-9　素材图片一

图 8-10　素材图片二

图 8-11　素材图片三

图 8-12　导入素材图片

（8）执行"图像"→"调整"→"亮度"→"对比度"命令，进行调整，调整效果如图 8-13 所示。

图 8-13　调整亮度与对比度

（9）在"图层"面板中选择"图层 2"，单击"图层"面板中的复制按钮，复制一个图层，如图 8-14 所示。

（10）选择"图层 2 副本"，按"Ctrl + T"组合键旋转 180°，并调节其高度，如图 8-15 所示。

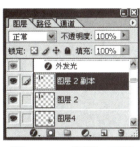

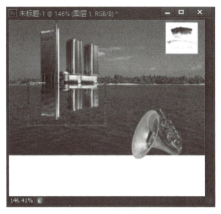

图 8 – 14 "图层"面板 　　　　　　　图 8 – 15 旋转变换

（11）在"图层"面板中调整"图层 2 副本"的透明度至 36%，如图 8 – 16 所示，调整后的效果如图 8 – 17 所示。

图 8 – 16 调整不透明度 　　　　　　图 8 – 17 调整后的效果

2. 添加文字部分

（1）选择"文字工具"，设置适当的字体和字号，在画面中输入此广告的主标题"奏响，宁静/高雅的生活乐章"，如图 8 – 18 所示（注意标题文字应大于其他文字，同时要考虑字体的选择和文字的摆放）。

图 8 – 18 输入文字

（2）考虑到白色字体在蓝色的底上不是很突出，先新建立一个图层，在工具箱中选择"椭圆工具"绘制一个圆，填充色彩 R = 231，G = 189，B = 87，复制该图层，并将两个图层链接至文字图层下方，如图 8 – 19 所示，调整其大小和位置，如图 8 – 20 所示。

图 8 – 19 "图层"面板   图 8 – 20 调整图层的大小和位置

（3）选择"文字工具"，设置适当的字体、字号和颜色，在画面中加入副标题，如图 8 – 21 所示。

图 8 – 21 加入副标题

（4）选择副标题文字，打开"变形文字"对话框，如图 8 – 22 所示，将文字调整到合适的形状和位置，如图 8 – 23 所示。

（5）在"图层"面板中双击"副标题文字"图层，弹出"图层样式"对话框，调整相关数据，如图 8 – 24 所示，得到图 8 – 25 所示效果。

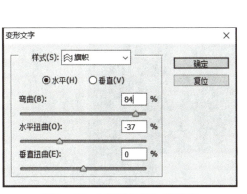

图 8 – 22　"变形文字"对话框

图 8 – 23　调整文字后的效果

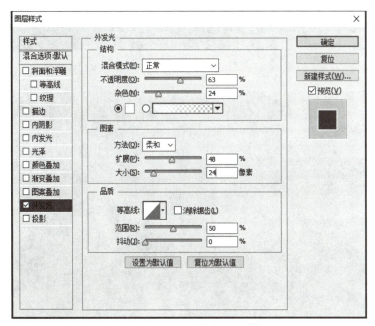

图 8 – 24　"图层样式"对话框

（6）选择"文字工具"，设置适当的字体、字号和颜色，在画面中加入正文，如图 8 – 26 所示。

（7）利用"矩形工具"对正文进行装饰，如图 8 – 27 所示。

（8）新建一个图层，在工具箱中选择"画笔工具"，在"画笔"对话框中选择"粗边圆形钢笔"，参数设置如图 8 – 28 所示。

（9）用设置好的画笔在页面中画出楼盘所在地理位置，如图 8 – 29 所示。

图 8 - 25　调整后的效果

图 8 - 26　加入正文

图 8 – 27　装饰正文

图 8 – 28　"画笔"对话框　　　　　　　　　图 8 – 29　使用画笔绘制图形

（10）标出楼盘的具体位置，如图 8 – 30 所示。

提示：

在房产类的广告中出现的房产位置图应结合整个画面使之美观，不必像地图那样严谨。

图 8 – 30　标出楼盘的具体位置

（11）在页面中加入地址、电话、开发商、承建商等相关内容。电话号码可以适当大些，以便购房者发现，更好地达到广告的最终目的——销售。

（12）房地产报纸广告最终效果如图 8 – 1 所示。

8.3　实例：商场促销广告的制作

8.3.1　制作技巧

常言道，商场如战场。要想在同类产品中提高知名度，一则与众不同的产品广告必不可少。本实例制作一则关于商场促销广告，在广告中突出促销的主题，并介绍各类商品的促销内容。

在制作商场促销广告的过程中，使用"钢笔工具"创建路径（在这里要特别讲解勾画路径的技巧）并使用路径描边。首先创建一个需要的路径，再设置好描边颜色（用于描边的颜色是当前的前景色），再用设置好的画笔来描边。

8.3.2　实例欣赏

本实例的最终效果如图 8 – 31 所示。

8.3.3　实例讲解

（1）执行"文件"→"新建"命令，或按"Ctrl + N"组合键，打开"新建"对话框，设置名称为"商场促销广告"，其他参数设置如图 8 – 32 所示，单击"确定"按钮。

图 8 – 31 最终效果

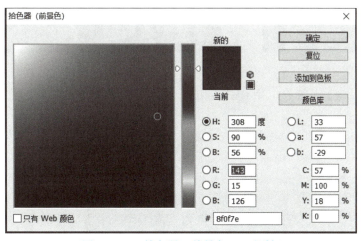

图 8 – 32 "新建"对话框

（2）将前景色的 CMYK 值设置为（44，100，23，5），按"Alt + Delete"组合键用设置好的前景色填充背景色，如图 8 – 33 所示。

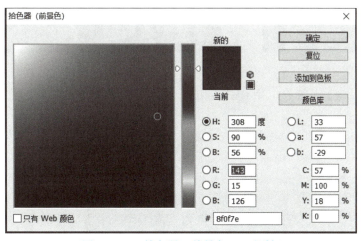

图 8 – 33 "拾色器（前景色）"对话框

（3）单击"图层"面板下方的新建图层按钮，在"背景"图层上新建"图层1"。选择工具箱中的"钢笔工具"，在"图层1"中创建图8-34所示选区。

（4）将前景色的CMYK值设置为（29，100，5，0），按"Alt + Delete"组合键用设置好的前景色填充选区，效果如图8-35所示，然后按"Ctrl + D"组合键取消选区。

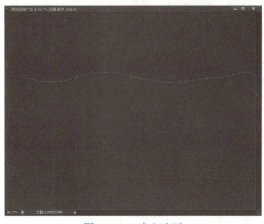

图8-34　建立选区　　　　　　　　　　　　　　图8-35　为选区填充颜色

（5）在"图层"面板中复制"图层2"，效果如图8-36所示，然后对复制图层执行"选择"→"变换选区"命令，调整选区，如图8-37所示。

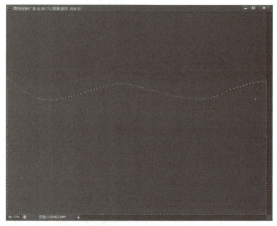

图8-36　复制图层　　　　　　　　　　　　　　图8-37　变换选区

（6）按Enter键确认变换，用CMYK值为（29，100，5，0）的颜色填充选区，效果如图8-38所示。

（7）在"图层"面板中复制"图层2副本"，效果如图8-39所示，然后对复制图层执行"选择"→"变换选区"命令，调整选区，如图8-40所示。

（8）按Enter键确认变换，用CMYK值为（0，0，0，0）的白色填充选区，效果如图8-41所示。按"Ctrl + O"组合键打开图8-42所示素材图片。

（9）使用"移动工具"将素材图片拖到当前工作区中，调整大小及位置，效果如图8-43所示。

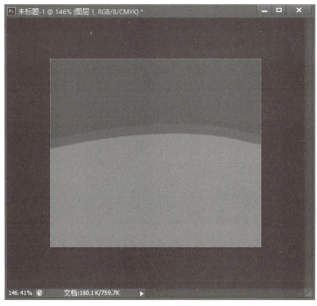

图 8 – 38　为选区填充颜色

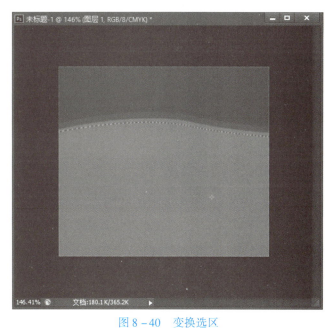

图 8 – 39　复制图层

图 8 – 40　变换选区

图 8 – 41　填充选区

图 8 – 42　素材图片

图 8 – 43　调整素材图片的大小与位置

提示：

　　如果打开素材图片的边缘有瑕疵，建议先选择图层，双击建立选区，然后执行"羽化"→"反选"→"删除"命令（羽化的像素根据图片的大小和质量及需要而定），根据效果需要多次执行该步骤的时候只要重复按 Delete 键即可。

　　（10）执行上面"提示"中的内容。

　　（11）复制"背景"图层，然后对复制图层执行"选择"→"变换选区"命令，调整至合适的位置和大小，效果如图 8 – 44 所示。

图 8 – 44　复制"背景"图层并进行调整

（12）按"Ctrl + O"组合键打开图 8 – 45、图 8 – 46 所示素材图片。

图 8 – 45　素材图片一　　　　　　　　图 8 – 46　素材图片二

（13）分别使用"移动工具"将素材图片拖到当前工作区中，调整大小及位置，效果如图 8 – 47 所示。

图 8 – 47　调整素材图片的大小及位置

（14）选择"图层"面板，双击素材图片所在图层，建立选区，执行"编辑"→"描边"命令，设置相关数据，效果如图8-48所示。

图8-48　设置描边数据及描边后的效果

（15）选择"图层"面板，新建一个图层，将其放置在图8-42、图8-45、图8-46所示素材图片所在图层下方，然后选择工具箱中的"画笔工具"，弹出选项栏，如图8-49所示。

图8-49　设置画笔数据

（16）在选项栏中调节"画笔工具"的相关属性，如图8-50所示。在"画笔工具"的选项栏中选择画笔调板，弹出相应对话框，如图8-51所示。参照图8-51调整"画笔笔尖形状"的相关参数。

图8-50　调节画笔属性

图8-51　画笔调板

（17）调整"形状动态"的相关参数，如图 8 – 52 所示。调整"散布"的相关参数，如图 8 – 53 所示。

图 8 – 52　调整"形状动态"参数

图 8 – 53　调整"散布"参数

（18）调整"双重画笔"的相关参数，如图 8 – 54 所示。调整"颜色动态"的相关参数，如图 8 – 55 所示。

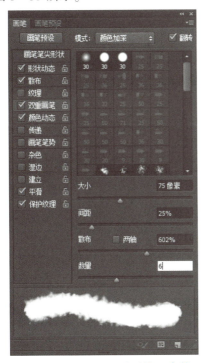

图 8 – 54　调整"双重画笔"参数

图 8 – 55　调整"颜色动态"参数

（19）勾选对话框中的"平滑"与"保护纹理"复选框，然后在新建的图层上绘制相关的画笔笔触，效果如图8－56所示。

（20）使用"文字工具"输入图8－57所示文字。

图8－56　使用画笔绘制图形

图8－57　使用"文字工具"输入文字

（21）在"图层"面板中复制图8－45所示素材图片所在图层，双击建立选区，然后选择"焊接工具"，加画一个矩形，填充红色，如图8－58所示。

（22）将上一步所做的图层复制，双击建立选区，改变色彩和位置，如图8－59所示。

图8－58　填充选区

图8－59　对选区进行填充

（23）使用"文字工具"输入图8－60所示文字，调整颜色和位置。

（24）使用"文字工具"输入图8－61所示文字，调整颜色和位置。

图8－60　输入文字

图8－61　继续输入文字

（25）双击数字"6"所在图层，建立选区，新建一个图层，执行"编辑"→"描边"命令，打开"描边"对话框，如图 8 – 62 所示，效果如图 8 – 63 所示。

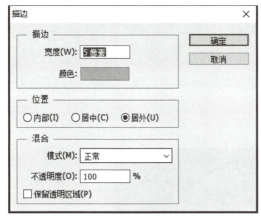

图 8 – 62　"描边"对话框

图 8 – 63　描边效果

（26）用"文字工具"输入图 8 – 64 所示文字。

图 8 – 64　输入文字

（27）用"文字工具"输入文字，商场促销广告制作完成，最终效果如图 8 – 31 所示。

8.4　实例：海报的制作

海报是一种十分常见的广告形式，具有很大的吸引力。要制作出优秀的海报，必须了解海报的构思、构图与绘制的一般过程。本节介绍海报的制作方法。

8.4.1　制作技巧

本实例通过制作一张宣传海报，让读者体会在海报设计中如何体现主题。设计海报首先要确定主题，再进行构思和构图，最后使用文字使海报充实完美。

整幅海报以神秘的颜色为主色调，使用滤镜制作出海报的背景色，使用蒙版和图层效果来处理一些特殊的效果。本实例中还用到调整图层与调整图像颜色的功能。在 Photoshop 中进行图像调整时，常常需要调整图像的亮度、色相/饱和度等参数，使用调整图层可以在调整图像之后，随时返回参数调整界面对不满意的效果进行重新调整或改变调整类型。

8.4.2　实例欣赏

本实例最终效果如图 8 - 65 所示。

图 8 - 65　最终效果

8.4.3　实例讲解

（1）按"Ctrl + N"组合键建立一个文件，打开"新建"对话框，如图 8 - 66 所示。

图 8 - 66　"新建"对话框

（2）执行"滤镜"→"杂色"→"添加杂色"命令，打开"添加杂色"对话框，如图8-67所示，单击"确定"按钮退出对话框，若效果不明显，可以多次重复执行该命令，效果如图8-68所示。

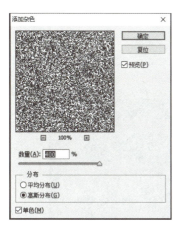

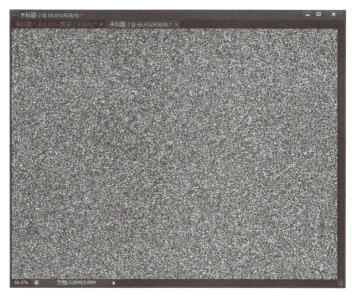

图8-67 "添加杂色"对话框　　　　　　图8-68 添加杂色效果

（3）执行"滤镜"→"渲染"→"光照效果"命令，参数设置如图8-69所示，得到图8-70所示效果。

图8-69 "光照效果"参数设置　　　　　图8-70 添加滤镜后的效果

（4）打开"素材2.tif"，执行"编辑"→"定义图案"命令，在弹出的对话框中单击"确定"按钮即可，将该素材定义为图案，关闭该素材，如图8-71所示。

（5）返回本实例新建的文件中，单击"创建新的填充或调整图层"按钮，在弹出的菜单中选择"图案"命令，参数设置及效果如图8-72所示。

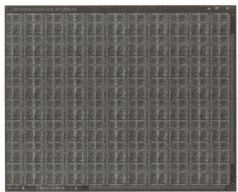

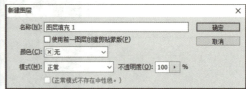

图 8 – 71　定义图案

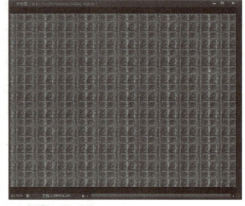

图 8 – 72　新建图案填充图层

（6）设置上一步创建的填充图层"图案填充 1"的图层混合模式为"正片叠底"，设置不透明度为 50%，得到图 8 – 73 所示效果。

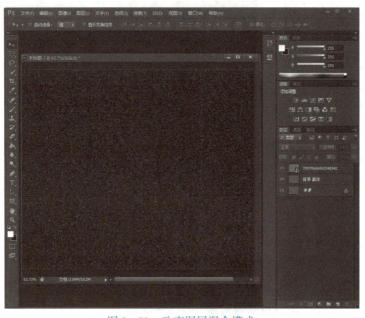

图 8 – 73　改变图层混合模式

（7）单击"创建新的填充或者调整图层"按钮，在弹出的菜单中选择"色相/饱和度"命令，在图 8 - 74 所示对话框中设置参数，得到图 8 - 75 所示效果。

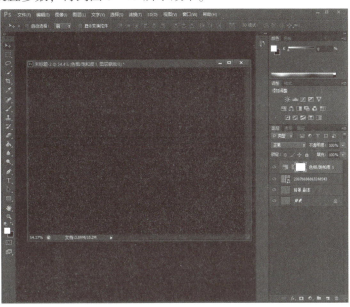

图 8 - 74 "色相/饱和度"参数设置　　　　　图 8 - 75 调整色相/饱和度后的效果

（8）在所有图层上方新建一个图层，得到"图层 1"，设置前景色的颜色值为 R：123，G：79，B：34，选择"矩形工具"并在工具选项栏中单击"填充像素"按钮，在图像中绘制图 8 - 76 所示的矩形。

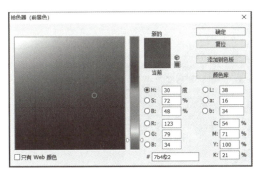

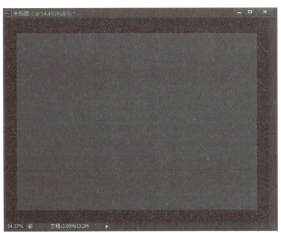

图 8 - 76 使用"矩形工具"填充色块

（9）使用"矩形选框工具"在上一步绘制的矩形上绘制选区，按 Delete 键删除选区中的图像，按"Ctrl + D"组合键取消选区，得到图 8 - 77 所示效果。按照同样的方法在矩形的底部绘制矩形选区并删除选区中的图像，得到图 8 - 78 所示效果。

（10）设置"图层 1"的图层样式，如图 8 - 79 所示。图 8 - 80 和图 8 - 81 所示为全部与局部效果。

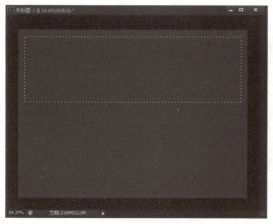

图 8 – 77　为选区填充颜色一　　　　　　　　　图 8 – 78　为选取填充颜色二

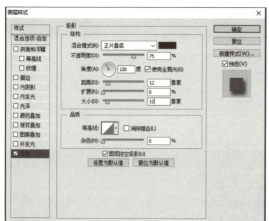

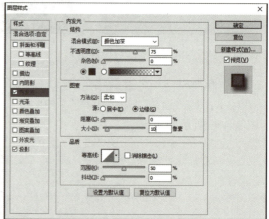

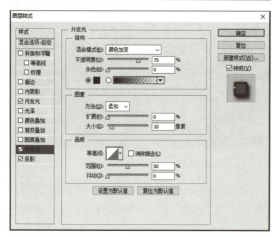

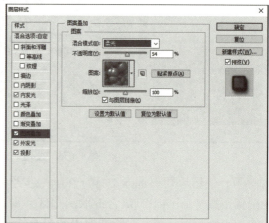

图 8 – 79　设置图层样式

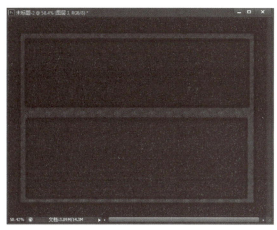

图 8-80 设置图层样式后的效果（全部）   图 8-81 局部效果

（11）单击"添加图层蒙版"按钮，为"图层 1"添加蒙版，设置前景色为黑色，选择"画笔工具"，按 F5 键显示"画笔"面板并载入画笔素材文件，如图 8-82 所示，设置适当的画笔大小，在蒙版中连续单击，直至得到类似图 8-83 所示的残破边缘效果，此刻图层蒙版的状态如图 8-84 所示。

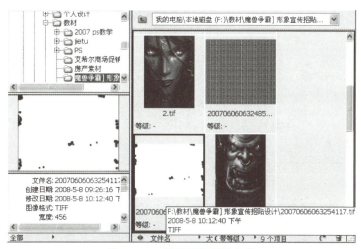

图 8-82 载入画笔素材文件

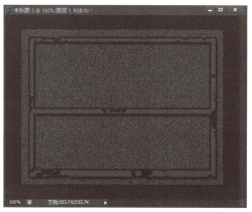

图 8-83 使用画笔涂抹蒙版   图 8-84 编辑蒙版后的效果

（12）新建一个图层，得到"图层2"，设置前景色的颜色值为R：123，G：79，B：34，选择"直线工具"并在其工具选项栏中设置"粗细"数值为17，在图像中绘制直线，按照图8-85所示设置图层样式，得到图8-86所示效果。

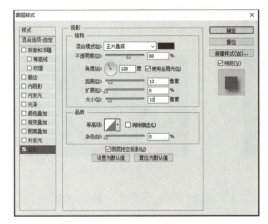
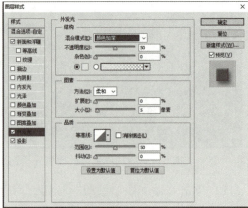
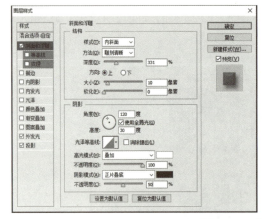
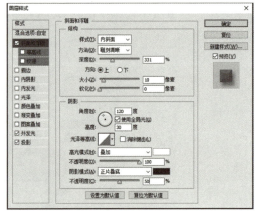

图8-85　设置图层样式

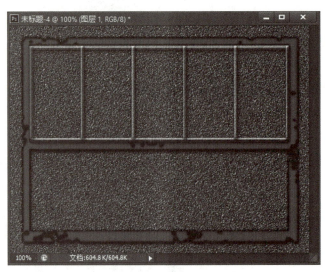

图8-86　设置图层样式后的效果

（13）在所有图层上方新建一个图层，得到"图层 3"，设置前景色为白色，选择"多边形工具"，在其工具选项栏中单击"填充像素"按钮，并设置"边"数值为 4，在图像的左上角处绘制图 8 – 87 所示的菱形。

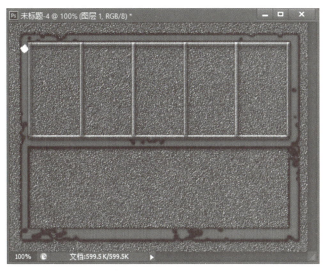

图 8 – 87　使用"多边形工具"绘制菱形

（14）按住 Ctrl 键单击"图层 3"的缩略图以载入其选区，按"Ctrl + Alt + T"组合键调出"自由变换并复制"控制框，按住 Shift 键连续按向下键 4 次，按 Enter 键确认变换操作。

（15）连续按"Ctrl + Alt + Shift + T"组合键执行连续变换并复制操作多次，直到得到图 8 – 88 所示效果为止。

图 8 – 88　反复执行变换后的效果

（16）按住 Ctrl 键单击"图层 3"的缩略图以载入其选区，使用"移动工具"，按"Alt + Shift"组合键向图像右侧拖动选区中的图像，得到其复制对象，并将其置于框架的右侧，如图 8 – 89 所示，按"Ctrl + D"组合键取消选择区域。

图 8-89   复制对象

（17）按 Ctrl 键单击"图层 3"的缩略图以载入选区，设置前景色的颜色值为 R：123，G：79，B：34，如图 8-90 所示。按"Alt + Delete"组合键填充选区，按"Ctrl + D"组合键取消选区。

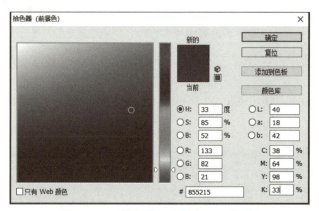

图 8-90   "拾色器（前景色）"对话框

（18）单击"添加图层样式"按钮，在弹出的菜单中选择"斜面和浮雕"与"外发光"选项，参数设置如图 8-91 所示，得到图 8-92 所示调整后效果与局部的图像效果。

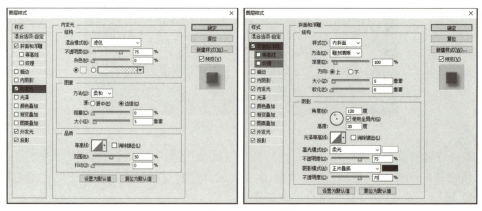

图 8-91   设置图层样式

图8-92 设置图层样式后的效果与局部效果

（19）使用"矩形选框工具"，沿图像左侧第一个框的内侧绘制图8-93所示的选区，打开已准备好的素材图片1（如果图片格式是JPG，可以先转换成TIF格式），按"Ctrl + A"组合键执行全选操作，按"Ctrl + C"组合键执行复制操作，关闭该素材文件。

图8-93 绘制选区

（20）返回本实例新建的文件中，按"Ctrl + Shift + V"组合键执行"粘贴入"操作，得到"图层4"，并将该图层拖至"图层1"与"图层2"的中间，使用"移动工具"调整图像的位置，得到图8-94所示效果。

图8-94 调整素材到合适位置

（21）用步骤（19）、（20）的方法依次添加素材，得到图8-95所示效果。

图8-95　导入其他素材并调整到合适位置

（22）选择"图层8"，按住"Ctrl+Shift"组合键，分别单击"图层4"~"图层8"蒙版的缩略图，得到它们相加后的选区。

（23）单击"创建新的填充或调整图层"按钮，在弹出的菜单中选择"色相/饱和度"命令，参数设置如图8-96所示，得到图8-97所示效果。

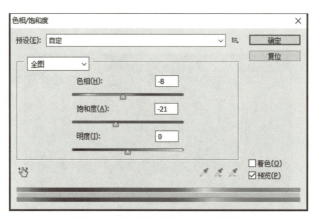

图8-96　"色相/饱和度"对话框

图 8 - 97 调整色相/饱和度后的效果

（24）按住 Ctrl 键单击上一步创建的调整图层"色相/饱和度 1"的蒙版缩略图，以载入选区，单击"创建新的填充或调整图层"按钮，在弹出的菜单中选择"亮度/对比度"命令，参数设置如图 8 - 98 所示，得到图 8 - 99 所示效果。

图 8 - 98 "亮度/对比度"参数设置 图 8 - 99 调整亮度/对比度后的效果

（25）考虑到背景颜色反差太大，在"背景"图层上新建一个图层，调整前景色，如图 8 - 100 所示，填充颜色并调节其透明度为 45%，得到图 8 - 101 所示效果（也可以在本实例步骤（1）中直接为"背景"图层填充颜色，再进行其他步骤）。

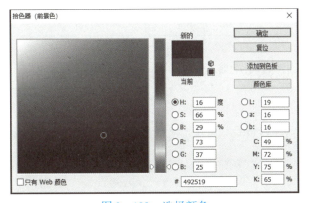

图 8 - 100 选择颜色

图8-101 填充颜色并调整后的效果

（26）按照自己的想法制作字体（这里省略字体制作过程），然后适当调整效果，得到图8-65所示的最终效果。

8.5 实例：公益海报的制作

8.5.1 制作技巧

本实例制作以"爱护动物从我做起"为主题的公益海报，采用美丽的貂皮大衣和貂形血迹为创意素材，运用对比、夸张的手法，直观地反映主题。海报以黑色为主色，再配上红色和白色，对比十分强烈，各种颜色非常对立而又有共性，能够起到一种警示作用。

本实例主要使用去色、调节对比度的方法来抠图，利用笔触制作血迹，并使用了"反选"命令、羽化工具和一些常用滤镜。

8.5.2 实例欣赏

本实例最终效果如图8-102所示。

8.5.3 实例讲解

（1）执行"文件"→"打开"命令，新建一个文件，如图8-103所示。将背景填充为黑色。

图 8 – 102 最终效果

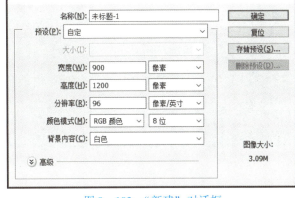

图 8 – 103 "新建"对话框

（2）按"Ctrl + O"组合键打开图 8 – 104 所示素材图片 1。复制素材图片 1 所在图层，选择复制图层，执行"图像"→"调整"→"去色"命令，将彩色图像变成灰度图像，如图 8 – 105 所示。

图 8 – 104 素材图片 1

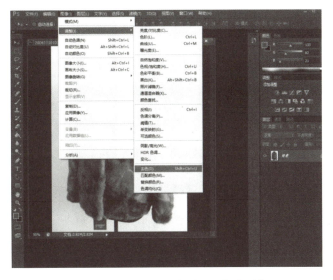

图 8 – 105 将彩色图像转变为灰度图像

（3）选择素材图片 1 的复制图层，执行"图像"→"调整"→"亮度/对比度"命令，调节图像的亮度和对比度，如图 8 – 106 所示。

（4）选择工具箱中的"多边形套素工具"，选择上一步所得到图形中的白色部分，创建一个选区，并填充为黑色，如图 8 – 107 所示。

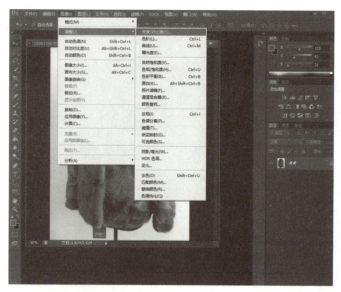

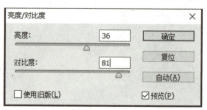

图 8-106　调整亮度和对比度

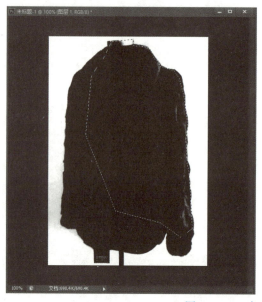

图 8-107　建立选区并填充黑色

（5）执行"选择"→"色彩选择范围"命令，弹出"色彩范围"对话框，调整选区，如图 8-108 所示，按 Enter 键确认变换。

（6）执行"选择"→"反选"命令，反选选区，如图 8-109 所示，然后将选区移至素材图片1所在的图层，按 Delete 键去除背景，如图 8-110 所示。

（7）执行"选择"→"反选"命令，再执行"选择"→"羽化"命令，如图 8-111 所示。

（8）执行"选择"→"反选"命令，更改选区，按 Delete 键去除背景，调整选区，如图 8-112 所示。如果效果不是很理想，需要重复该操作，则只要重复按 Delete 键去除背景即可。

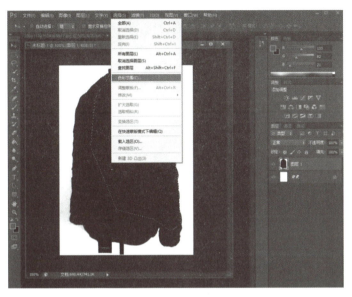

图 8 - 108　调整选区

图 8 - 109　反选选区

图 8 - 110　删除背景

图 8 - 111　对选区进行羽化

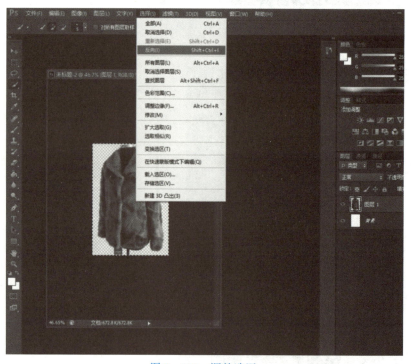

图 8 - 112　调整选区

（9）按"Ctrl + O"组合键打开图 8 - 113 所示素材图片 2。复制素材图片 2 所在图层，选择复制图层，执行"图像"→"调整"→"去色"命令，将彩色图像变成灰度图像，如图 8 - 114 所示。

图 8-113 素材图片 2

图 8-114 执行"去色"命令

（10）执行"图像"→"调整"→"亮度/对比度"命令，调整图像，参数设置及调整后的效果如图 8-115 所示。

（11）选择工具箱中的"多边形套索工具"，选择上一步所得到的图形中不需要的部分，创建一个选区，并填充为白色，选择需要的部分，创建一个选区，并填充为黑色，如图 8-116 所示。

（12）执行"选择"→"反选"命令，更改选区，按 Delete 键去除背景，再执行"选择"→"反选"命令，把图形填充为白色。

（13）使用工具箱中的"移动工具"，将处理好的素材图片 1、素材图片 2 拖到背景中形成"图层 1""图层 2"，调整"图层 1""图层 2"的位置和大小，如图 8-117 所示。

图 8 – 115　调整亮度与对比度及调整后的效果

图 8 – 116　建立选区

图 8 – 117　处理图层

　　（14）在"图层"面板中新建一个图层，将前景色改成深红色，如图 8 – 118 所示。

　　（15）使用工具箱中的"钢笔工具"，调整"钢笔工具"的参数。在画笔设置中，选择"湿边"和"喷枪"选项，如图 8 – 119 所示。

　　（16）在画面上一直按着画笔不放，并不断移动以扩大范围，连续这样 3 次就得到图 8 – 120 所示的血迹效果。

　　（17）新建一个图层，按步骤（15）、（16）再制作一个血迹效果，如图 8 – 121 所示。调整图层的位置和大小，效果如图 8 – 122 所示。

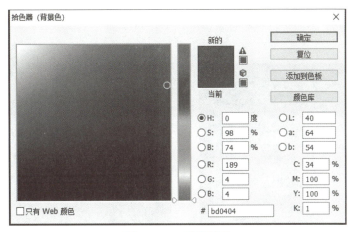

图 8 – 118　选择颜色

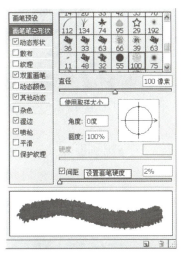

图 8 – 119　调整"钢笔工具"的参数

图 8 – 120　血迹效果　　　　　　图 8 – 121　再制作一个血迹效果

（18）选择工具箱中的"文字工具"，在选项栏中分别设置合适的字体及字号，输入文字，效果如图8-123所示。

图8-122　调整图层的位置和大小　　　　　图8-123　输入文字

（19）单击"图层"面板中的"为人捐躯体"图层，将文字栅格化，然后将背景改成白色，再执行"滤镜"→"画笔描边"→"喷溅"命令，在弹出的对话框中调整相关属性参数，按"确定"按钮完成效果，如图8-124所示。

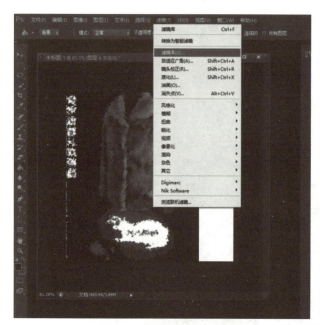
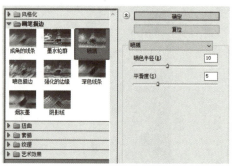

图8-124　使用喷溅滤镜

（20）单击"图层"面板中的"爱护动物从我做起"图层，将文字栅格化，然后将背景改成黑色，再执行"滤镜"→"画笔描边"→"喷溅"，在弹出的对话框中调整相关属性参数，单击"确定"按钮完成效果，如图 8 − 125 所示。

图 8 − 125 继续输入文字并添加"喷溅"效果

（21）选择工具箱中的"文字工具"，在选项栏中设置合适的字体及字号，输入文字，公益海报制作完成，效果如图 8 − 102 所示。

8.6 实例:《忆端午》公益海报的制作

1. 背景制作

（1）执行"文件"→"新建"命令，或按"Ctrl + N"组合键，打开"新建"对话框，设置名称为"端午祝福"，设置文档大小为 A4，分辨率为 300 像素/英寸，其他参数设置如图 8 − 126 所示，单击"确定"按钮。

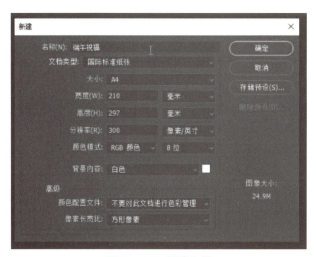

图 8 − 126 新建文档

（2）将文档的背景色填充为浅黄色，如图 8 – 127 所示。

（3）导入纹理素材并缩放至全页面，将其设置于最上层，将图层混合模式改为"正片叠底"，并锁定，如图 8 – 128 所示。

图 8 – 127　填充背景色

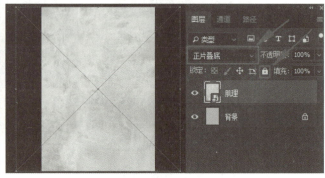

图 8 – 128　修改图层混合模式

2. 画面制作

（1）选择并勾勒粽子素材，将勾勒好的粽子拖入文档并置于"肌理"图层下方，新建群组，命名为"粽子山"，如图 8 – 129 ~ 图 8 – 131 所示。

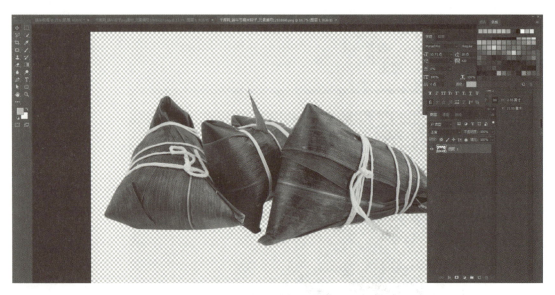

图 8 – 129　勾勒粽子素材

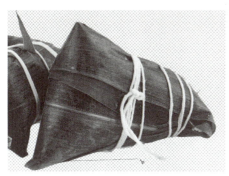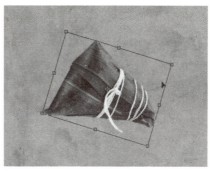

图 8 - 130　将粽子拖入文档

（2）修饰粽子底部，将多余部分用"蚁线工具"选出并清除，如图 8 - 132 所示。

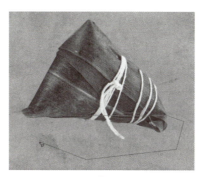

图 8 - 131　新建群组　　　　　图 8 - 132　修饰粽子底部

（3）用勾勒出的粽子，通过复制图层（快捷键"Ctrl + J"），拼接成群山的造型，注意前后大小透视关系，处理好山与山之间的远近关系，如图 8 - 133 所示。

图 8 - 133　拼接成群山造型

（4）考虑到山之间还有阴影，进一步对细节进行处理，选择其中一个粽子的图层，在上方新建一个空白图层，按住 Alt 键，在两个图层中间单击，图层显示状态如图 8 – 134 所示。

（5）将前景色设置为黑色，将画笔透明度设置为20%，硬度设置为12%，在空白图层中用画笔进行光影的绘制，在绘制过程中注意用"［"和"］"键调节画笔直径，如图 8 – 135 ~ 图 8 – 137 所示。

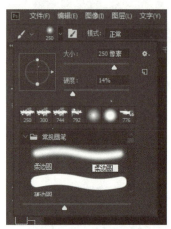

图 8 – 134　图层显示状态　　　　　　　　图 8 – 135　设置画笔

图 8 – 136　绘制光影（一）　　　　　　图 8 – 137　绘制光影（二）

（6）置入人物素材，查看整体效果，注意构图位置，如图 8 – 138 所示。

3. 倒影制作

（1）复制单个粽子图层，按"Ctrl + T"组合键进行垂直翻转，按"Ctrl + G"组合键新建群组"倒影"，将"倒影"群组放到图层倒数第二层，如图 8 – 139 所示。

（2）执行"滤镜"→"扭曲"→"波浪"命令，如图 8 – 140 所示。参数设置如图 8 – 141 所示。

（3）将图层的不透明度设置为60%，按"Ctrl + U"组合键调整色相/饱和度，参数设置如图 8 – 142 所示。

图 8 – 138　置入人物素材

图 8 – 139　垂直翻转并新建群组

图 8 – 140　添加 "波浪" 滤镜

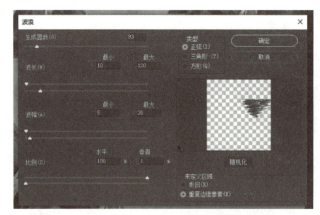

图 8 - 141　"波浪"滤镜参数设置

（4）将倒影复制到其他山体的底部，如图 8 - 143 所示。

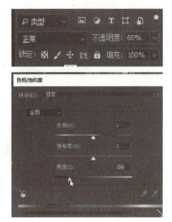

图 8 - 142　设置不透明度及色相/饱和度

图 8 - 143　复制倒影

4. 文字制作

（1）新建群组，并输入文字"忆端午"，选择书法字体，用"选择工具"将其进行适当排列，如图 8 - 144 所示。

图 8 - 144　输入文字并排列

（2）复制群组，按"Ctrl＋E"组合键合并文字图层，按住 Ctrl 键单击图层缩略图，载入选区，填充黑色，如图 8－145 所示。

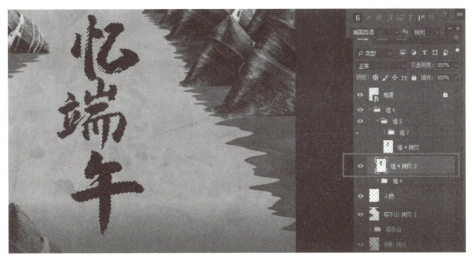

图 8－145 处理文字

（3）使用"画笔工具"绘制文字色彩，如图 8－146 所示。

（4）制作印章，用"套索工具"随意绘制印章外形，并填充红色，如图 8－147 所示。

图 8－146 绘制文字色彩

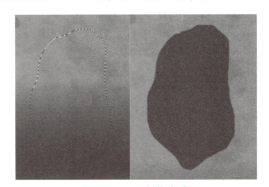

图 8－147 制作印章

（5）输入印章文字"五月初五"，进行排列，删除印章多余部分，如图 8－148 所示。

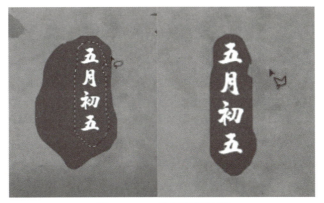

图 8－148 处理印章文字

（6）载入文字区域，选择印章图层，删除文字部分颜色，隐藏"五月初五"文字图层，如图 8-149 所示。

图 8-149　调整印章图层

（7）进行最后的调整，完成制作，最终效果如图 8-150 所示。

图 8-150　最终效果

📔 8.7　课后练习

根据所给素材，制作图 8-151 所示楼书折页的内页。

注意：在制作过程中，应注意折页的尺寸、图像的处理、色块的选择与编排、文字的编排，并根据余下的素材制作本折页的封面。

图 8 – 151 楼书折页的内页

第9章　平面相册的设计与制作

◎**要点难点分析**

要点：

（1）平面相册的基本知识；

（2）平面相册的实例制作。

难点：平面相册的实例制作。

难度：★★★

◎**学习目标：**

（1）掌握平面相册的基本知识；

（2）能够进行平面相册的实例制作；

（3）学会合理使用图片，具备版权保护意识；

（4）树立正确、进步的审美观，具有高尚、健康的审美理想和审美情趣；

（5）具备敬业、精益、专注、创新的工匠精神。

9.1　平面相册的基本知识

平面相册主要用于记录成长经历、婚庆、收藏个人写真或记录重要时刻，在拥有照片的基础上，进行一定的设计，并使用一定的印刷包装技术将照片装订成册，以供纪念。

9.1.1　平面相册的基本尺寸

平面相册的常用尺寸见表9－1。

表 9 – 1　平面相册的常用尺寸

影楼尺寸表述	英寸	厘米
2 寸 = 2R	2.5 × 3.5	6.4 × 9.0
5 寸 = 3R	3.5 × 5	8.9 × 12.7
6 寸 = 4R	4 × 6	10.2 × 15.2
6 寸 = 4D	4.5 × 6	9.4 × 15.2
7 寸 = 5R	5 × 7	12.7 × 17.8
8 寸 = 6R	6 × 8	15.2 × 20.3
10 寸 = 7R	7 × 10	17.8 × 25.4
12 寸	8 × 12	20.3 × 30.5
18 寸	12 × 18	30.5 × 45.7

备注：1 英寸 = 2.54 厘米。

9.1.2　平面相册的分类

（1）平面相册按制作工艺分为两大类：传统手工相册和一体成型相册。

①传统手工相册。

其制作工艺为：照片先覆膜，再用物理的方法（即用胶粘）使照片固定在相册的页面上，相册的页边缘会有金色或银色的金属包边。

传统手工相册可分为以下 3 类。

a. 非全满版相册：即大相册放小照片，例如 "18 寸相册一本，18 寸蚕丝照片一张，18 寸油画照片一张，18 寸水晶照片一张，18 寸皮雕照片一张，18 寸美工设计组合 16 张"，指在这本相册中有 4 张是满版的照片，其余 16 张是小照片的组合。

b. 全满版相册：相册内所放照片都是满版的，没有小照片。

c. 全满版跨页无中缝相册：相册内的照片是无缝跨页的。例如：18 寸相册的尺寸是 18 英寸 × 12 英寸，那么一个对开页的尺寸就是 18 英寸 × 24 英寸，这种相册存放的是 24 英寸的照片，粘在两页上，形成一个对开页，中间是无缝的。

②一体成型相册。

一体成型相册大致可以分为三类：

a. 普通一体成型相册；

b. 圣经相册；

c. 水晶封面圣经相册。

一体成型相册是近年来相册制作技术革新的产物，其制作工艺为：流水线制作，经过紫外线液体油性覆膜、过胶、压平、压痕、压整、裁切、磨边、烫金、装皮全套生产线十数道工序，经过十数台大机器，制作出的完美的顶级相册。

简单地说，就是用化学的方法，将两种不同的物质（照片和相册页）合成一种新物质，这种新物质就是"带有图像的相册页"，照片和相册页合为一体，永不分离。

一体成型相册与手工传统相册有本质的区别。除了"永不分离"这个明显特点外，一体成型相册还有一个特点，那就是使用了"淋膜技术"。普通手工相册中的照片是要覆膜的。膜是类塑料材质，有亮、细、皮纹、油画、镭射等纹理。用手摸照片表面，能明显感到膜的存在。覆膜后的照片具有防水、防潮、防划伤的特性，但是在覆膜对照片的色彩有一定程度的影响。

一体成型相册采用先进的"紫外线液体油性覆膜"的"淋膜技术"，即在照片表面用专门的机器均匀喷洒液体膜。从视觉上看，一体成型相册中的照片色泽鲜亮，表面好像过了一层油，但用手触摸却根本感觉不到膜的存在。

（2）从封面来看，平面相册可分为以下几种。

①水晶相册。

所谓水晶相册，实际上就是用一块"水晶"板来做相册的封面。"水晶"板其实就是一块有机玻璃板或亚克力板。"水晶"板一面有印刷图案，另一面有一层保护贴纸，使用的时候把照片贴在有印刷图案的一面，然后压贴在相册上，最后撕掉正面的保护贴纸即可。水晶相册表面硬度非常低，极容易产生划痕。

②皮面相册。

皮面相册的封面和封底用皮革包裹起来，由于皮革的材料、颜色和花纹众多，且加工方式也多，例如压花纹、烫花纹、印花纹等，所以皮面相册在款式上能不断推陈出新，最大的特点是耐脏、耐损。

③布面相册。

布面相册的最大优点就是手感极好。其最大的缺点是不耐脏。深色、有花纹的布面相册是首选。

④塑料面相册（也叫"仿水晶相册"）。

塑料面相册的最大优点是颜色鲜艳、护理容易、成本低。塑料面本身有不同的颜色，还可以印、烫、喷不同的图案，表面有小划痕也不容易看出来，成本比较低。其缺点是看上去比较平，没有立体感。

（3）从内页来看，平面相册可分为以下几种。

①一体成型相册。

如前所述，这种相册制作比较复杂，成本高，多用于婚纱影楼，而且必须依靠设备才能制作。

②带白卡内页的平面相册。

这种内页就是白卡纸经裁切机裁切而成，没有任何包边处理。手工制作时，照片必须贴齐白卡纸边才美观，因此，这种相册对手工要求比较高，但制作完成后，效果非常好，有点类似一体成型相册。

由于没有任何包边，如果做成大相册，页角很容易损坏，所以这种相册多为小型相册，尤其是 mini 相册（掌中宝）。

③带包边内页的平面相册。

包边内页就是在白卡的基础上通过机器设备在页面边缘包上一层锡纸，这能有效避免边缘长期翻动所引起的发毛现象，并可以防潮，避免页面变形。在这种相册中手工贴照片的时候，如果背后有双面胶的照片贴歪了，还可以揭下照片而不会伤害白卡纸基。这种相册的尺寸多为5英寸×7英寸以下。

④带包角内页的平面相册。

对于大相册，最先坏的部分一定是页角，因此要着重保护页角。这种相册的主要作用就是保护页角。其每页均有两个金属角，并且为了安全，金属角都做了圆角处理。这种相册的尺寸多在5英寸×7英寸以上。

9.2 平面相册实例操作

在制作平面相册时，会频繁地用到蒙版和画笔的知识。蒙版主要用来抠取主体人物和制作多张图片的融合效果，画笔主要用来点缀画面。

下面讲解平面相册的制作方法，以下所介绍的实例都以婚纱相册为主，有兴趣的读者可以自己制作个人写真、成长经历、重要时刻等类型的平面相册。

9.2.1 平面相册实例一

1. 抠取婚纱人物

（1）新建一个空白文件，打开"新建"对话框，参数设置如图9－1所示。设置宽度为6英寸，高度为4英寸，分辨率为300像素/英寸，颜色模式为CMYK颜色。

（2）打开素材一，执行"滤镜"→"纹理"→"马赛克拼贴"命令，设置拼贴大小为12，缝隙宽度为3，加亮缝隙为9。然后将素材一拖入新建的"平面相册一"文件，调整其尺寸与新建文件一致。完成效果如图9－2所示。

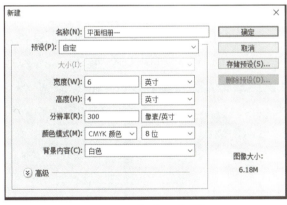

图9－1 "新建"对话框

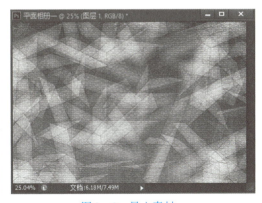

图9－2 导入素材一

（3）打开一张新娘的婚纱图片（素材二），如图9－3所示，将其中的人物抠取出来。前面讲过几种抠取人物的方法，因为图片比较复杂，在这里选用通道进行抠图。打开"通道"面板，查找明暗对比较为明显的通道，这里选择蓝通道，按住Ctrl键单击蓝通道载入选区，如图9－4所示。

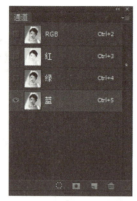

图9-3　素材二　　　　　　　　　　　　图9-4　使用通道构建选区

（4）执行"窗口"→"色板"命令，在"色板"面板中选择红色，将工具箱中的前景色设置为红色。新建"图层1"，并将图层混合模式设置为"滤色"，然后填充前景色，如图9-5所示。

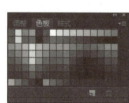

图9-5　为选区填充红色

（5）使用相同的方法，分别建立"图层2"和"图层3"，并将图层混合模式都设置为"滤色"，然后为"图层2"填充绿色，为"图层3"填充蓝色，如图9-6所示。

图9-6　新建并填充图层

（6）连续按两次"Ctrl＋E"组合键，将"图层3"和"图层2"向下合并到"图层1"中，然后按"Ctrl＋D"组合键取消选区，如图9－7所示。

图9－7　合并图层

（7）将"背景"图层复制为"背景副本"图层，然后将"背景"图层设置为当前图层，并为其填充深蓝色（C100，M99，Y8，K2）。将"背景副本"图层设置为当前图层，然后单击"图层"面板底部的"添加蒙版"按钮，为"背景副本"图层添加图层蒙版，如图9－8所示。

（8）按D键将前景色和背景色设置默认为黑色和白色，然后利用工具箱中的"画笔工具"对蒙版进行编辑，在编辑过程中可通过X键互换前景色和背景色，以便修改编辑蒙版，如图9－9所示。

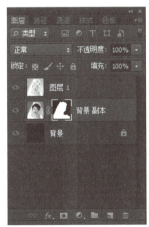

图9－8　添加图层蒙版　　　　　　图9－9　使用画笔涂抹蒙版

（9）将"图层1"设置为当前图层，选择工具箱中的"橡皮擦工具"，然后在选项栏中设置画笔的主直径为86，硬度为50%，沿婚纱边缘进行擦除。将"背景"图层与"图层1"

链接，然后使用"移动工具"将其移动到"平面相册一"文件中并调整到合适的位置，如图9-10所示。

图9-10　移动图层

（10）为"图层2"添加蒙版，然后使用黑色的笔刷进行适当的涂抹，得到图9-11所示效果。

图9-11　添加蒙版并进行编辑

2. 制作胶卷相框

（1）新建一个100像素×80像素的文件，然后新建一个图层，使用"矩形选框工具"，选取一个比文件稍小的选区，执行"选择"→"修改"→"平滑"命令，设置取样半径为5像素，填充为黑色。效果如图9-12所示。

（2）执行"编辑"→"定义画笔预设"命令，将当前选区定义为"样本画笔1"，然后关闭文件。

图 9 – 12 绘制选区并填充颜色

（3）在"平面相册一"文件中新建一个图层，在工具选项栏中选择"矩形工具"，在其选项栏中单击"填充像素"按钮，设置前景色为灰色，绘制一个矩形，如图 9 – 13 所示。

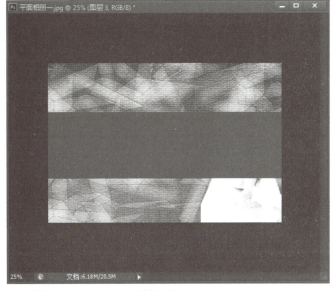

图 9 – 13 使用"矩形工具"绘制矩形（一）

（4）再新建一个图层，设置前景色为黑色，在刚才的矩形中再绘制一个矩形，如图 9 – 14 所示。

（5）新建一个图层。选择"画笔工具"，按 F5 键调出画笔属性对话框，选择刚刚定义的画笔，设置好间距和画笔大小，如图 9 – 15 所示。设置前景色为白色，按住 Shift 键，在画布上拉出一条矩形方框，如图 9 – 16 所示。

（6）选择"移动工具"，并按住 Alt 键，对刚刚绘制出来的白色方框进行移动，可以复制当前白色方框所在的图层。接下来，新建一个图层，并调整笔刷的大小和间距，再次绘制一条白色的方框。效果如图 9 – 17 所示。此时的"图层"面板如图 9 – 18 所示。

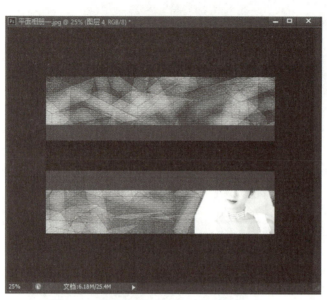

图 9 – 14　使用"矩形工具"绘制矩形（二）

图 9 – 15　设置画笔

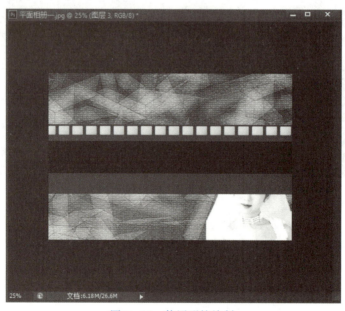

图 9 – 16　使用画笔绘制

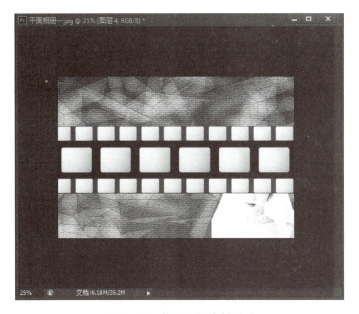

图 9 – 17　使用画笔绘制图形　　　　　　　　图 9 – 18　"图层"面板

（7）将胶卷所在的"图层 3"~"图层 6"进行合并，如图 9 – 19 所示。使用"魔术棒工具"，选择白色的方块，然后按 Delete 键进行删除，如图 9 – 20 所示。

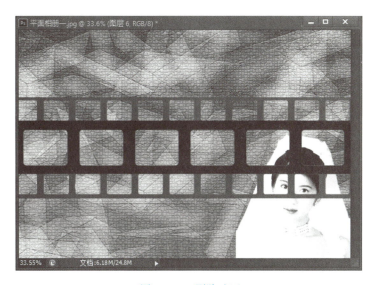

图 9 – 19　合并图层　　　　　　　　图 9 – 20　删除选区

（8）双击"图层 3"，为胶卷图层添加阴影样式，并复制 2 个胶卷图层，如图 9 – 21 所示。

（9）此时可以将其他素材加入，调整大小以适应胶卷中方框的大小。完成之后进行图层的合并与大小的调整，如图 9 – 22 所示。

（10）在工具箱中选择"文字工具"，在画布上输入文字。最终效果如图 9 – 23 所示。

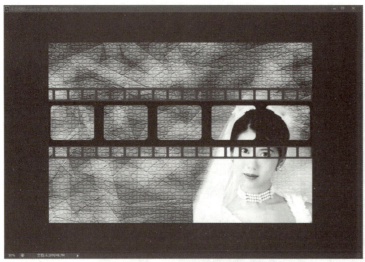

图9-21　为图层添加阴影样式

图9-22　编辑胶卷相框

图9-23　最终效果

9.2.2　平面相册实例二

（1）新建一个空白文件，打开"新建"对话框，参数设置如图 9 - 24 所示。设置宽度为 6 英寸，高度为 4 英寸，分辨率为 300 像素/英寸。

（2）选择前景色为黄色，背景色为白色，在工具箱中选择"渐变工具"，拉出图 9 - 25 所示渐变。复制"背景"图层，执行"滤镜"→"像素化"→"彩色半调"命令，弹出图 9 - 26 所示对话框，设置为默认值，得到图 9 - 27 所示效果。

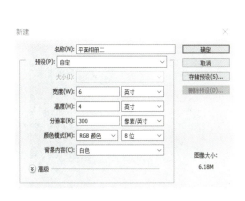

图 9 - 24　"新建"对话框

图 9 - 25　使用"渐变工具"拉出渐变

图 9 - 26　"彩色半调"对话框

图 9 - 27　应用彩色半调的效果

（3）执行"滤镜"→"模糊"→"径向模糊"命令，弹出图 9 - 28 所示对话框，设置数量为 70，模糊方法为旋转，并将"背景副本"图层的图层混合模式改为"排除"，得到图 9 - 29 所示效果。

（4）新建"图层 1"，设置前景色为蓝色，在工具箱中选择"渐变工具"，拉出图 9 - 30 所示渐变。将"图层 1"的图层混合模式改为"差值"，得到图 9 - 31 所示效果。

（5）将图 9 - 32 所示素材一拉入文件，执行"编辑"→"自由变换"命令，调整大小和方向后放在图 9 - 33 所示位置。

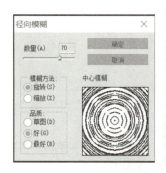

图 9 - 28　"径向模糊"对话框　　　　图 9 - 29　更改图层混合模式后的效果

图 9 - 30　使用"渐变工具"拉出渐变　　　图 9 - 31　更改图层混合模式后的效果

图 9 - 32　素材一　　　　　　　　图 9 - 33　调整素材

（6）为当前图层添加图层蒙版，然后使用黑白画笔对蒙版进行涂抹，如图 9 - 34 所示，得到图 9 - 35 所示效果。在选择画笔的时候，可以选择边缘柔和的画笔，在涂抹的过程中，注意随时改变画笔的不透明度，以呈现不透明的效果。

（7）用同样的方法，拉入图 9 - 36 所示素材，调整至合适的位置，然后添加图层蒙版，得到图 9 - 37 所示效果。

（8）为画面上增加一些修饰。选择"文字工具"，在画布上输入文字，如图 9 - 38 所示。选择当前文字图层，单击鼠标右键，栅格化图层，如图 9 - 39 所示。

图 9 – 34　添加并编辑图层蒙版　　　　　图 9 – 35　编辑图层蒙版后的效果

图 9 – 36　导入素材　　　　　　　图 9 – 37　添加图层蒙版后的效果

图 9 – 38　输入文字　　　　　　　图 9 – 39　栅格化图层

　　（9）按住 Ctrl 键，并单击当前图层，此时会形成一个包围在文字外的选区，使用"渐变工具"，选择合适的颜色，拉一条渐变，为文字添加颜色，得到图 9 – 40 所示效果。双击文字图层，为图层添加"发光"和"内发光"样式，得到图 9 – 41 所示效果。如果效果不明显，可以对此图层进行复制。

图 9 – 40　编辑文字图层

图 9 – 41　为文字图层添加样式

（10）继续为画面添加文字。新建 3 个图层，在工具箱中选择"画笔工具"，选择图 9 –
42 所示画笔，在不同的图层上单击进行修饰。调整这些图层的不透明度，并添加"发光"
样式。效果如图 9 – 43 所示。

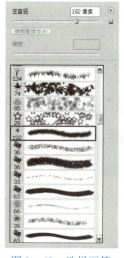
图 9 – 42　选择画笔

图 9 – 43　使用画笔绘制图形并进行编辑

（11）因为要打印输入，因此最终执行"图像"→"模式"→"CMYK 颜色"命令，
将图像转换为 CMYK 模式。注意，如果一开始就使用 CMYK 模式，在更改图层混合模式的
时候可能得不到这样的效果。最终效果如图 9 – 44 所示。

图 9 – 44　最终效果

9.2.3　平面相册实例三

（1）新建一个空白文件，打开"新建"对话框，参数设置如图9-45所示。设置宽度为6英寸，高度为4英寸，分辨率为300像素/英寸。导入图9-46所示素材。

图9-45　"新建"对话框　　　　图9-46　导入素材

（2）对绿叶素材图层执行"滤镜"→"模糊"→"动感模糊"命令，弹出图9-47所示对话框，设置角度为28度，距离为283像素。得到图9-48所示效果。

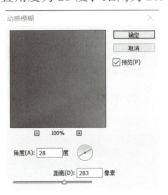

图9-47　"动感模糊"对话框　　　　图9-48　动感模糊效果

（3）导入图9-49所示素材二，为图层添加图层蒙版，如图9-50所示。使用"画笔工具"，选择画笔颜色为黑色，在蒙版上涂抹，得到图9-51所示效果。

图9-49　素材二　　　　图9-50　添加并编辑图层蒙版

（4）在工具箱中选择"画笔工具"，单击"画笔预设选取器"中的下拉按钮，在弹出的对话框中单击右边的三角形按钮，弹出图9－52所示菜单。

图9－51　编辑蒙版后的效果　　　　　　图9－52　画笔选项菜单

（5）在图9－52所示的菜单中，选择"载入画笔"命令，然后将文件夹中的"spring.abr"文件载入，此时在画笔形状中就有刚刚载入的画笔样式，如图9－53所示。选择合适的画笔，编辑其形状和大小，在新建的图层上绘制图9－54所示图形，并为此图层添加"发光"样式。

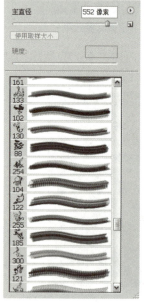

图9－53　画笔预设选取器　　　　　　图9－54　使用画笔绘制图形

（6）同样的原理，在不同的图层上选择不同的画笔样式进行绘制。效果如图 9 – 55 所示。之后导入图 9 – 56 所示素材等共 3 幅。

图 9 – 55　使用不同的画笔样式绘制图形　　　　图 9 – 56　素材示例

（7）对导入的素材进行自由变换，改变其大小与位置，并可以适当添加蒙版，效果如图 9 – 57 所示。

（8）选择"多边形工具"，在工具选项栏中设置图 9 – 58 所示参数，新建一个图层，在画面上绘制星形，并适当调整不透明度，效果如图 9 – 59 所示。

图 9 –57　添加素材并编辑　　　　　　图 9 –58　"多边形工具"参数设置

图 9 –59　使用"多边形工具"绘制图形

（9）选择"钢笔工具"，在图中绘制图 9 – 60 所示路径，然后在"路径"面板中选择"使用画笔描边路径"命令，如图 9 – 61 所示。选择"画笔工具"，在路径形成的线条上进行点缀，如图 9 – 62 所示。

（10）使用"文字工具"对画面进行点缀，最终效果图如图 9 – 63 所示。

图 9 – 60 使用"钢笔工具"绘制路径   图 9 – 61 "路径"面板

图 9 – 62 使用"画笔工具"点缀   图 9 – 63 最终效果

9.2.4 实训演练

根据图 9 – 64 所示的素材，制作图 9 – 65 所示效果的平面相册。

图 9 – 64 素材   图 9 – 65 最终效果

9.3　课后练习

制作房地产广告。打开光盘"素材/第9章/练习"中的"素材1""素材2""素材3""标志""方位"，根据所提供的素材和下面的文字资料，按照样板（图9-66～图9-68），设计一个系列的广告。

（1）文字内容。

广告文字如下。

①"锁"定青逸山庄，开启财富磁场。

没有宏阔的境界，不去纵横驰骋，难以在巅峰潮涌中从容淡定；

山可回转，水可蔓延，当最美好的那一部分被自然精心安排；

当城市被喧嚣淹没，总有一个磁场可以锁定你的幸福；

青逸山庄，不可复制的财富领地。

②"指"落青逸山庄，方能帷幄全局。

只有懂得生活哲学的智者，才能领略田园生活的自由；

只有高瞻远瞩的名仕，才能懂得中心的价值；

习惯让心灵牧场浸染山水。

青逸山庄，在山水深情韵味的情怀中，瞬息万变，自然流露非凡气度；

云山浩瀚，流溪纵情，让中心帷幄城市未来。

③"茶"飘青逸山庄，自然芳香四溢。

当都市理想变成对钢筋森林的盲目崇拜时；

习惯沏一壶清茶，去感受自然的恩惠；

习惯让心灵牧场浸染山水；

生活的随心自然在茶的韵味中弥漫开来；

青逸山庄，让心归自然。

青逸热线：××××-××××××/××××××。

投资商：××集团//发展商：青逸房产//住宅推广：××广告有限公司//住宅代理：青逸营销。

开发商：××市青逸置业房地产开发有限公司//建筑设计：××市青逸置业建筑设计公司。

（2）有关要求。

根据提供的材料进行创意与设计，要求创意新颖，画面简洁、大气，有视觉冲击力；版式规范、制作精细；色彩可根据"标志"的标准色自行设计；尺寸：600毫米×900毫米；分辨率：72 dpi。

图 9 – 66　样板一

图 9 – 67　样板二

图 9 – 68　样板三

第10章 静态网页的设计与制作

◎要点难点分析

要点：

（1）静态页面的基础知识；

（2）静态网页制作实例操作；

（3）网页界面切割、存储成网页格式操作。

难点：

网页制作。

难度：★★★★

◎学习目标：

（1）了解静态网页的基础知识；

（2）掌握网页制作实例操作；

（3）掌握网页界面切割、存储成网页格式操作；

（4）学会合理使用图片，具备版权保护意识；

（5）树立正确、进步的审美观，具有高尚、健康的审美理想和审美情趣；

（6）具备敬业、精益、专注、创新的工匠精神。

随着计算机的普及和计算机网络的发展，除了电视、报纸、杂志等传统的媒体外，网络已经成为人们获得信息的又一渠道。网页作为网络信息的载体，成了新的传媒方式，被很多人所熟悉、接受、运用。怎样设计网页才能使网页既可传递信息，又美观，同时还能提升网站的形象，增加网站的访问量，这成为网页设计者需要思索的问题。

10.1 静态网页的基础知识

1. 静态网页

静态网页不包含在服务器端运行的任何脚本，其内容形式固定不变。静态网页设计就是利用静态网页所包含的元素，对静态网页进行美化处理，力求使静态网页界面美观舒适，为静态网页所承载的内容提供一个良好的展示环境，达到最好的展示效果。

静态网页在公共网站、政府网站中的使用最为广泛。

2. 网页界面的组成部分

（1）LOGO 标记。LOGO 标记是网站特色和内涵的集中体现，人们看到 LOGO 就会联想到相应网站。LOGO 的设计创意来自网站的名称、内容。一个成功的 LOGO 标记可以提升企业形象，提高网站的知名度。

（2）导航条。它起到在各网页间导航的作用，具有交互性。

（3）横幅。横幅可以是动态或静态的，起到广告宣传作用。设计横幅的目的首先是吸引浏览者，引起浏览者浏览网页的欲望，其次是展示信息。因此，横幅的设计无论从构图到色彩，从表现形式到文字的运用，都需要一定的技巧。

（4）文字。文字包括链接文字和信息文字。文字是网页的重要组成部分，是信息量的重要载体，正确地设置文字的字体、字号、颜色，不仅关系到网页的美观，还对阅览及信息的表达有直接的影响。

（5）图形图像。网页中的图形图像除了能够传递信息外，还能够提高网页的阅读性，增加网页的美感。图形图像可运用到背景、按钮等网页元素中。

3. 网页的几种布局形式

（1）"同"形布局：这是一些大型网站所喜欢的布局类型，上方是网站标题以及广告横幅，接下来是网站的主要内容，左、右分列两小条内容，中间是主要部分，最下方是网站的基本信息、联系方式、版权声明等。

（2）"厂"形布局：网页上方是网站标题及广告横幅，接下来左（右）侧是一窄列导航链接，右（左）侧是很宽的正文，下面可以有一些网站的辅助信息。

（3）"工"形布局：与"厂"形布局类似，上方是网站标题及广告横幅，中间是左右等宽的正文区，下方是网站的基本信息、联系方式、版权声明等。

10.2　静态网页制作实例操作

1. 网站首页设计效果如图 10-1 所示

操作过程如下。

（1）新建 Photoshop 图像文件，参数设置如图 10-2 所示。

（2）在页面设计中将有很多图层产生，为了快速找到每个对象所在的图层，除了对图层重命名外，很重要的工作就是给图层分组，然后根据图层对象在网页中的位置，将系列的图层放到相应组中。在"图层"面板中单击"创建新组"按钮，将新组命名为"top"，在页面设计中，将所有网页头部所用图层全部放置在该组中。在"top"组下新建图层，重命名为"bg"，在图像窗口中用"矩形选框工具"绘制出一个矩形，将前景色设置为"R：235，G：255，B：204，H：84°，S：20%，B：100%"，按"Alt + Delete"组合键为选区着前景色。

图 10 - 1 网站首页设计效果

图 10 - 2 新建文件

（3）新建图层，重命名为"line1"，将前景色设置为"R：152，G：203，B：0，H：75°，S：100%，B：80%"，选择"矩形选框工具"，在图像窗口顶部创建一个细长的矩形选区，按"Alt + Delete"组合键为选区着前景色。效果如图 10 - 3 所示。

（4）新增图层，重命名为"line2"，在图层"line2"中，运用"椭圆选框工具"绘制出一个椭圆，同时单击"椭圆选框工具"选项栏中的"从选区减去" 按钮，在刚才绘制的椭圆内绘制第二个椭圆，如图10-4所示。按"Alt+Delete"组合键为选区着前景色，移动图层"line2"中的椭圆到网页上部。按"Ctrl+J"组合键复制图层"line2"，产生"line2副本"图层。在"line2副本"图层中，按"Ctrl+T"组合键对椭圆对象进行改变，并移动对象到网页的上部。在"图层"面板中调整图层"line2"和"line2副本"的不透明度为32%。效果如图10-5所示。

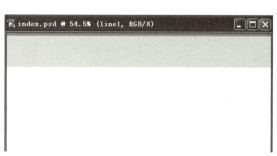

图10-3 执行步骤（2）、（3）后的效果   图10-4 两个椭圆选区的效果

图10-5 执行步骤（4）后的效果

提示：

　　该步骤完成的是网页上两个弧度的图像，能熟练使用"钢笔工具"时，这两个弧度完全可以用"钢笔工具"绘制出路径，再在"路径"面板中单击"将路径作为选区载入"按钮，使路径形成选区，然后为选区着颜色。

　　（5）选择"文字工具"，设置文字的字体、字号和颜色。这里将字体选择为"华康少女文字"，字号为12，颜色为"#ff0000"，在"字符"面板中设置 T 为120%， ⁂ 为20。在图像窗口中输入"E派"，按"Ctrl+T"组合键调整文本相对水平的角度，并用"移动工具"移动文本到合适的位置，在文本图层中添加图10-6、图10-7所示的图层样式，设置后的效果如图10-8所示。

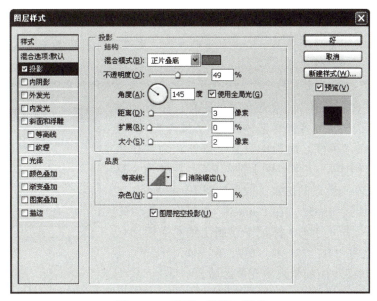

图 10-6　设置"投影"样式

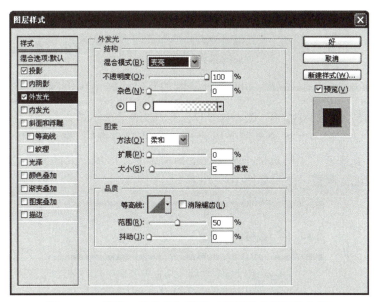

图 10-7　设置"外发光"样式（设置发光颜色为白色）

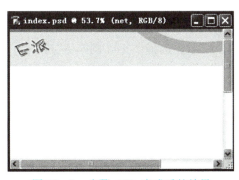

图 10-8　步骤（5）完成后的效果

　　（6）选择"文字工具"，设置文字的字体、字号和颜色。这里将字体选择为"经典综艺体简"，字号为8，颜色为"#0000ff"，在"字符"面板中设置字符样式为"仿粗体"。在图像窗口中输入文本"网上冲印店"，用并用"移动工具"移动文本到合适的位置。效果如图10－9所示。

图 10－9　LOGO 标记最终效果

　　（7）新增图层"line3"。在"line3"图层中，用"矩形选框工具"在网页的 lOGO 标记下绘制出细长条矩形区域，设置前景色为"R：72，G：187，B：34，H：105°，S：82%，B：73%"，用前景色填充该区域。

　　（8）新增图层"icon"，选择"圆形矩形工具"，在选项栏中单击"路径"按钮，将半径设为8像素，在网页 lOGO 标记旁绘制出一个椭圆矩形闭合路径（如 ），用"直接选择工具" 调整路径（如 ），打开"路径"面板，在"路径"面板中单击"将路径作为选取载入"按钮，这时刚才绘制的路径将转换为选区（如 ）。设置前景色为"R：152，G：203，B：0，H：75°，S：100%，B：80%"，背景色为白色，选择"渐变工具"，在选项栏中选择颜色渐变模式为"前景到背景"，渐变模式为"对称渐变"，用"渐变工具"在刚才产生的选区中从下往上拖动，为该区域填充渐变颜色。按"Ctrl＋T"组合键对该区域进行调整。效果如图10－10所示。

图 10－10　步骤（7）、（8）完成后的效果

　　（9）按住 Alt 键，单击步骤（8）中产生的图像，当鼠标指针变为黑白重叠的双箭头时拖动图像，即产生一个该图像的副本，同时"图层"面板中出现"icon 副本"图层。同样的方法复制出6个这样的图像，排列好这些图像，得到图10－11所示的效果。这时可以看到"图层"面板如图10－12所示。选择"icon 副本6"图层，执行"图层"→"向下合并"命令，将"icon 副本6"与"icon 副本5"图层合并。用同样的方法依次将上一图层与下一图层合并，最后将所有的 icon 图层合并成一层，如图10－13所示。

图 10－11　排列图像后的效果

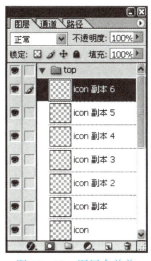

图 10 – 12 图层合并前　　　　图 10 – 13 图层合并后

（10）选择"文字工具"，设置字体为"隶书"，颜色为"#000000"，字号为"4 点"，分别在按钮图像上输入"首页""我的相册""网上冲印""数码商城""数码资讯""共享相册""E 派社区"，并用"移动工具"调整文本位置，这样一个网页的导航就完成了。效果如图 10 – 14 所示。

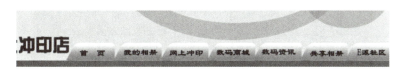

图 10 – 14 添加、调整文本后的效果

（11）新增一个组，命名为"top – left"，在"top – left"组中新增图层"bg"，在"bg"图层中，用"矩形选框工具"绘制一个矩形选区，将前景色设置为"R：152，G：203，B：0，H：75°，S：100%，B：80%"，背景色设置为"R：226，G：238，B：138，H：67，S：42，B：93"。选择"渐变工具"，在选项栏中选择颜色渐变模式为"前景到背景"，渐变模式为"线性渐变"，用"渐变工具"在矩形选区中从上往下拖动，为该区域填充渐变颜色。效果如图 10 – 15 所示。

图 10 – 15 渐变填充后的效果

（12）新增一个图层，命名为"bfl"，选择"形状工具"，在选项栏中单击"填充像素"按钮，选择"形状"为蝴蝶 形状：，设置前景色为"R：187，G：220，B：66，H：73，

S：70，B：86”。用设置好的"形状工具"在上一步完成的矩形图像上绘制大小、位置不同的蝴蝶图案。将"bfl"图层的不透明度设置为42%。效果如图10-16所示。

图10-16　绘制蝴蝶后的效果

（13）新增一个图层，命名为"leaf"，选择"形状工具"，设置与上一步相同，只将"形状"选择为三叶草  ，用该工具在矩形区域上部绘制出一颗三叶草。按住 Ctrl 键单击"图层"面板中的"leaf"图层，在图像窗口便显示三叶草图形选区。选择"渐变工具"，设置前景色为"R：250，G：230，B：80，H：53，S：68，B：98"，设置背景色为"R：212，G：142，B：9，H：39，S：96，B：83"，在"渐变工具"选项栏中设置颜色渐变模式为"前景到背景"，渐变模式为"径向渐变"，从三叶草选区的中心往边缘拉动鼠标指针，为选区填充径向渐变颜色，取消选择。复制"leaf"图层，用自由变换命令调整三叶草图形的大小和相对水平线的角度，调整后的效果如图10-17所示。

图10-17　调整后的效果

（14）选择"文字工具"，设置字体为"楷体"，字号为"9点"，颜色为"白色"，在矩形区域上输入文本"快速网上冲印服务"。

（15）新增图层"shade1"，选择"圆角矩形工具"，设置前景色为"#E2EE89"，绘制圆角矩形图形。新增图层"shade2"，将前景色设置为"#E2EE89"，绘制另一个圆角矩形图案。

（16）选择"文字工具"，设置字体为"楷体"，字号为"4点"，颜色为"#FD3A57"，在圆角矩形区域上输入文本"把您的快乐分享到世界每一角落"。

（17）选择"文字工具"，设置字体为"楷体"，字号为"4点"，颜色为"#0666DD"，在矩形图像的右下角输入"客服电话：8008101234"，调整步骤（14）~（17）制作的对象，调整后的效果如图10-18所示。

图10-18　调整后的效果

（18）新增图层，命名为"pics1"，选择"圆角矩形工具"，设置前景色为白色，用该工具在矩形方框左下角部位绘制圆角矩形图形。为"pics1"图层添加"投影"图层样式，其设置对话框如图 10 – 19 所示。

（19）新增图层，命名为"pics2"，参考步骤（18），在刚绘制的圆角矩形旁边绘制另一个圆角矩形。添加参数设置相同的"投影"图层样式。调整两个圆角矩形的大小和位置，调整后效果如图 10 – 20 所示。

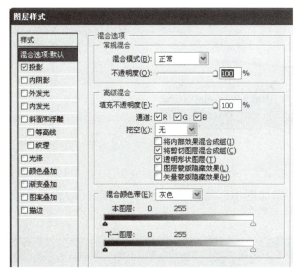

图 10 – 19　"投影"图层样式设置对话框

图 10 – 20　圆角矩形调整后的效果

（20）新增图层"pics3"，选择"圆角矩形工具"，设置前景色为"#EBEBEB"，在矩形方框下面绘制圆角矩形图形。

（21）选择"文字工具"，设置字体为"楷体"，字号为"5 点"，文字颜色为黑色，输入文本"柯达皇家相纸"。再次使用"文字工具"，将文字颜色改为"#FC5655"，输入文本"0.8 元/张"。效果如图 10 – 21 所示。

图 10 – 21　设置文本后的效果

（22）新增图层"pics4"，激活该图层，同时按住 Ctrl 键单击"pics3"图层，显示选区后，将前景色设为"#FC5655"，用前景色对该区域进行填充。注意，红色的圆角矩形在图层"pics4"上。效果如图 10－22 所示。

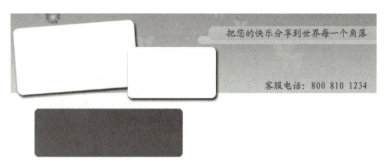

图 10－22　填充后的效果

（23）激活图层"pics4"，单击"图层"面板下方的"添加矢量蒙版"按钮 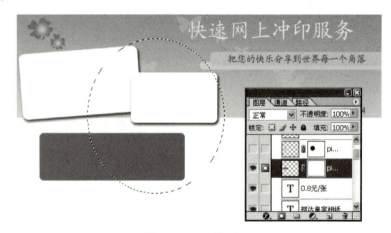，为图层添加蒙版。在蒙版上添加图 10－23 所示选区，为选区填充黑色，产生蒙版效果，如图 10－24 所示。

图 10－23　添加选区

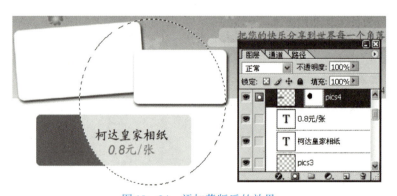

图 10－24　添加蒙版后的效果

（24）用步骤（22）、（23）的方法，在图层"pics4"上新建图层"pics5"，绘制圆角矩形，填充颜色为"#F3FE0E"，添加蒙版后的效果如图 10－25 所示。

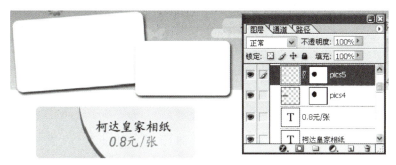

图 10 - 25　添加蒙版后的效果

小提示：

　　对于图 10 - 25 中添加蒙版后的红色弧形小区域，可以用"钢笔工具"绘制出闭合路径，再将路径作为选区载入，对选区进行颜色填充。

（25）打开"child. jpg"图像文件，将图像中的"小孩"图片用"移动工具"移动到网页图像文件中。调整大小和位置后效果如图 10 - 26 所示。

图 10 - 26　图像调整后的效果

（26）新增图层"pics6"，设置前景色为"#9ACC04"，用"圆角矩形工具"在刚才绘制的圆角矩形右边绘制另一个圆角矩形，大小与左边圆角矩形的大小相当。执行"编辑"→"描边"命令，设置描边宽度为 5 像素，颜色为"#F3FE0E"。描边后的效果如图 10 - 27 所示。

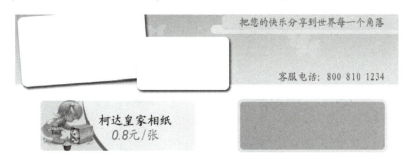

图 10 - 27　描边后的效果

（27）打开"egg. jpg"图像文件，用"磁性套索工具"沿图像文件中的"小鸡和鸡蛋"图案绘制出选区，产生闭合选区后用"移动工具"将图案移动到网页图像文件中，添加文本。效果如图 10 - 28 所示。

图 10 – 28　添加图案和文本后的效果

（28）创建新组"center"，在该组下添加图层"flash"，设置前景色为淡黄色（"#E1EE89"），背景色为淡绿色（"#C1DE4D"）。选择"圆角矩形工具"，拖动鼠标指针绘制一个圆角矩形的路径，然后按"Ctrl + Enter"组合键将路径转换为选区，接着利用"渐变工具"从上到下填充前景到背景的线性渐变，效果如图 10 – 29 所示。

图 10 – 29　填充线性渐变后的圆角矩形

（29）创建新组"vip"，在该组下添加图层"bg"，在网页界面右边绘制渐变填充的矩形方框，方法与颜色设置与（28）相同。效果如图 10 – 30 所示。

（30）在矩形方框中添加灰色线框，同时在顶部绘制圆角矩形路径，将路径转换为选区后，按网页导航按钮的填充颜色和填充方式对其进行填充，并在圆角矩形上输入文本"用户登录"，将文本颜色设置为绿色（"#48BB22"），设置后的效果如图 10 – 31 所示。

图 10 – 30　填充矩形方框后的效果　　图 10 – 31　设置线框与文本后的效果

（31）添加新的图层，在新的图层中绘制前景色为白色的两个矩形，并在上一个白色矩形中制作登录的模拟界面，在下一个矩形中放置实时帮助信息。进行相应的设置后，效果如图 10－32 所示。

（32）绘制第三个白色矩形，并在其上绘制小的淡绿色（"#DBEB7D"）矩形，绘制灰色线条作为表格的形式边线，在其上输入文本"尺寸""价格""优惠价格"，文本颜色可设置为红色（"#EB0705"）。效果如图 10－33 所示。

图 10－32　登录界面设计效果

图 10－33　第三个白色矩形的效果

（33）在第三个白色矩形下方绘制灰色线框，绘制线框时可用"矩形工具"绘制出路径，再按"Ctrl＋Enter"组合键将路径转换为选区。执行"编辑"→"描边"命令，为选区描 1 像素的灰色（"#EBEBEB"）边线。在线框中绘制淡绿色（"#DBEB7D"）矩形，输入黑色文本"配送方式与支付方式"。效果如图 10－34 所示。

（34）创建新组"btm"，将显示网页底部信息的图层全部放在该组中，用"矩形工具"绘制颜色为"#9ACC04"的矩形，再用"文字工具"设置文字的字体为"宋体"，字号为"3 点"，颜色为白色，输入文本信息。增加一个图层，在输入后的文本信息间用"直线工具"绘制白色的短线。效果如图 10－35 所示。

（35）在刚绘制的绿色矩形条下添加网页的版权等其他信息，这样一张网站首页就基本完成了。最后可针对自己的设计做修改和修饰。最终效果如图 10－1 所示。

图 10－34　配送框的设置效果

图 10－35　矩形颜色与添加文本、绘制直线后的效果

2. 网站子页设计

这是一个商务网站，商务网站的特点之一就是网页间的风格基本一致。因此，可以在网站首页设计的基础上适当做些修改，设计出网站子页。网站子页设计效果如图 10－36 所示。

操作步骤如下。

（1）打开之前设计的网站首页 Photoshop 文件，将该文件另存为"internet.psd"，作为网站子页。接下来的设计就可以在它的基础上进行修饰。

图 10-36 网站子页设计效果

（2）打开"图层"面板中的"top-left"组，根据图 10-37 所示，删除该组中不需要的图层，同时将文字图层栅格化使其变成普通的像素图层，将所有图层合并。注意，使用蒙版的图层被合并时会出现图 10-38 所示对话框，这时单击"应用"按钮。移动对象到网页的底部，效果如图 10-39 所示。

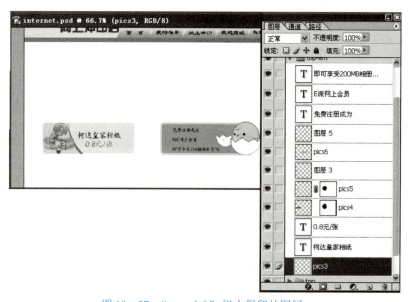

图 10-37 "top-left"组中保留的图层

图 10 - 38　合并使用蒙版的图层时出现的对话框

图 10 - 39　移动对象后看到的效果

（3）在"top - left"组中新增一个图层，命名为"bg"，用"矩形工具"绘制一个矩形路径，将路径转换为选区后，为选区填充灰色（"#D7D7D7"）。再新增一个图层，命名为"line"，在该图层中用"矩形工具"绘制一个相同的矩形路径，将路径转换为选区。将前景色设置为"#FEE600"，背景色设置为"#FFFF88"，选择"渐变工具"为选区添加从前景色到背景色的线性渐变，添加线性渐变时从左上角拖动鼠标指针到右下角，调整图层"line"中矩形的倾斜度，产生的效果如图 10 - 40 所示。

图 10 - 40　调整图层倾斜度产生的效果

（4）在矩形图形上输入文本，对文本进行设置，效果如图 10 - 41 所示。其中文本"足不……送达！"字体设置为"经典综艺体简"，字号为"8 点"，文字颜色为"#0757EC"；文本"柯达皇家……冲印服务"字体设置为"楷体"，字号为"5 点"，颜色为黑色；文本"快速操作……这里开始"字体设置为"经典综艺体简"，字号为"4 点"，文字颜色为"#FE1F1D"。

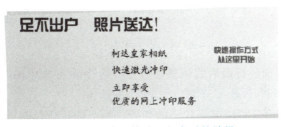

图 10 - 41　输入并设置文本后的效果

（5）添加图层，打开图像文件，将该图像用"移动工具"拖动到正在编辑的网页图像文件中，调整大小并将其旋转适当的角度，为图案描宽度为6像素的白色边框，最后为图层添加"投影"图层样式，参数设置如图10-42所示，效果如图10-43所示。

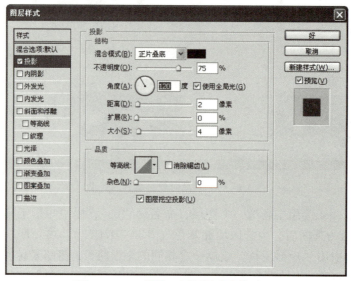

图10-42　"投影"图层样式参数设置

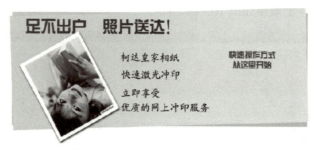

图10-43　添加图层样式后的效果

（6）经过前面的练习，完成图10-44所示效果应该没问题。其中边线的颜色为绿色（"#9ACC04"），文本的颜色为黑色，文本"网上冲印三部曲"后的小图案颜色从左往右分别为"#FE06F8""#FE0E3D""#9ACC04"。小箭头的颜色也为"#9ACC04"。

图10-44　效果示意

（7）对编辑好的页面进行最后的调整和修饰，最终效果如图10-36所示。

3. 将完成好的网页界面分割并存储成网页格式

将完成好的网页界面分割成多个较小的切片，每个切片会存储为独立的文件。这样在用户访问该网页文件时，访问速度可以得到很大的提高。

操作步骤如下。

（1）选择"切片工具"，在选项栏中设置"样式"为"正常"，然后用"切片工具"在完成的网页界面上创建切片（最好打开标尺，拉出参考线作参照），如果要改变切片的大小，可以将"切片工具"切换为"切片选取工具"。分割后的效果如图10－45所示。

图10－45　分割后的效果

（2）执行"文件"→"存储为Web所有格式"命令，在弹出的对话框中选择"四联优化方式"选项。根据实际情况调整优化参数，并兼顾图像的质量和大小，如图10－46所示。

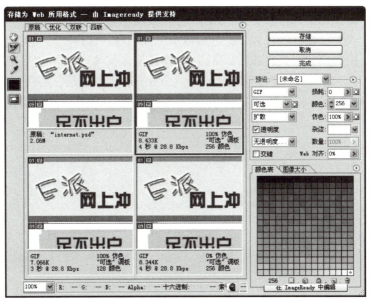

图10－46　四联优化图像

（3）优化完成后单击"存储"按钮，在弹出的对话框中为文件命名，"格式"选择第一行中默认的 HTML 格式，然后单击"保存"按钮。这样网页就完成了，最后可以在网页制作软件中进行加工。

10.3　课后练习

在 Photoshop 中打开一张手的图像，设计一个创意导航，效果如图 10−47 所示。

图 10−47　创意导航效果

制作思路如下。

打开一张手的图像，用 Photoshop 把"手"从图像中抠出，创建一个新的图层，使用"椭圆选框工具"绘制一个圆形，将新的图层放到"手"图层下并进行填充。复制该圆形图层，按比例进行放大，并放到第一个圆形的下面，填充为不同的颜色。重复以上动作，并填充不同颜色，将各个图层合并为一层。选择"手"图层，按"Ctrl + L"组合键打开"色阶"对话框，对"手"图层进行调整。双击该图层样式表，选择"外发光"样式进行设置。用"钢笔工具"绘制路径，用"文字工具"沿路径输入文本。使用"自定形状工具"，选择"拼贴 3"选项创建图形，复制并旋转图形。合并全部形状图层，将图层模式设置为"滤色"。为新创建的形状图形添加"径向模糊"滤镜效果，为渐变圆形添加"光照"滤镜效果。

附录 1　字体大小对照

字体大小采用两种不同的度量单位，其中一种以"号"为度量单位，如常用的初号、小初、一号、小一、……、七号、八号等；另一种以国际上通用的"磅"（28.35 磅等于 1 厘米）为度量单位。"号""磅"与"毫米"之间的对应关系见附表 1。

附表 1　对应关系

字号	写法	磅数	毫米数
小七号	7 –	5.31	186
七号	7	6.10	2.13
小六号	6 –	7.08	2.48
六号	6	7.94	2.78
小五号	5 –	8.94	3.13
五号	5	10.6	3.72
小四号	4 –	12.0	4.22
四号	4	14.2	4.96
三号	3	15.9	5.56
小二号	2 –	18.1	6.35
二号	2	21.1	7.39
小一号	1 –	24.1	8.43
一号	1	27.6	9.67
小初号	0 –	31.6.	11.0
初号	0	36.3	12.7
小特号	10 –	48.2	14.8
特号	10	48.3	16.9
特大号	11	56.2	19.7
63 磅	63	63	22.2
72 磅	72	72	25.3
84 磅	84	84	29.6
96 磅	96	96	33.8

不难发现，用"磅"为度量单位与用"号"为度量单位相比，不但设置的字体大小范围更宽，而且更灵活。例如：要将汉字字体（边长）大小设置为13.5毫米，只需将字号设置为47.5磅即可。

字号能根据需要随意设定，且操作十分很简单。具体方法是：将需要设定字号的文字选中后，把光标移入"格式"工具栏的"字号"下拉列表内，选中（或删除）原有的字号，输入所需的字号（如"300"），然后按 Enter 键即可。

用后一种方法设定的字号范围为 1~1 638 磅。打印（显示）的方块汉字，其边长最小为 0.35 毫米，最大可达 57.78 厘米。

字号（号数）的对照关系如附图1所示。

初号　123　ABC

小初　123　ABC

一号　123　ABC

小一　123　ABC

二号　123　ABC

小二 123　ABC

三号　123　ABC

小三 123　ABC

四号　123　ABC

小四 123　ABC

五号　123　ABC

小五 123　ABC

六号　123　ABC

小六 123　ABC

七号 123　ABC

小七 123　ABC

附图1　字号（号数）的对照关系

附录 2　常用字体对照

常用字体对照如附图 2 所示。

长城长宋体	1234567890	hnansoftedu.com
长城黑宋体	1234567890	hnansoftedu.com
长城新魏碑体	1234567890	hnansoftedu.com
方正彩云体	1234567890	hnansoftedu.com
方正彩云体	1234567890	hnansoftedu.com
方正琥珀体	1234567890	hnansoftedu.com
方正华隶体	1234567890	hnansoftedu.com
方正黄草体	1234567890	hnansoftedu.com
方正隶变体	1234567890	hnansoftedu.com
方正隶二体	1234567890	hnansoftedu.com
方正流行体	1234567890	hnansoftedu.com
方正胖头鱼体	1234567890	hnansoftedu.com
方正启体	1234567890	hnansoftedu.com
方正瘦金书体	1234567890	hnansoftedu.com
方正舒体	1234567890	hnansoftedu.com
方正细等线体	1234567890	hnansoftedu.com
方正细倩体	1234567890	hnansoftedu.com
方正细珊瑚体	1234567890	hnansoftedu.com
方正姚体	1234567890	hnansoftedu.com
方正硬笔行书体	1234567890	hnansoftedu.com
方正稚艺体	1234567890	hnansoftedu.com
方正中倩体	1234567890	hnansoftedu.com

附图 2　常用字体对照

方正综艺体	**1234567890**	**hnansoftedu.com**
仿宋	1234567890	hnansoftedu.com
汉鼎简长宋	1234567890	hnansoftedu.com
汉鼎简黑变	1234567890	hnansoftedu.com
汉鼎简特粗黑	1234567890	hnansoftedu.com
汉鼎简特宋	1234567890	hnansoftedu.com
汉仪报宋简	1234567890	hnansoftedu.com
汉仪彩云体	1234567890	hnansoftedu.com
汉仪长美黑	1234567890	hnansoftedu.com
汉仪长宋	1234567890	hnansoftedu.com
汉仪长艺体	1234567890	hnansoftedu.com
汉仪超粗黑	**1234567890**	**hnansoftedu.com**
汉仪超粗宋	**1234567890**	**hnansoftedu.com**
汉仪陈频破体	1234567890	hnansoftedu.com
汉仪粗黑	**1234567890**	**hnansoftedu.com**
汉仪粗宋	**1234567890**	**hnansoftedu.com**
汉仪粗圆	1234567890	hnansoftedu.com
汉仪大黑	**1234567890**	**hnansoftedu.com**
汉仪大隶书	1234567890	hnansoftedu.com
汉仪大宋	1234567890	hnansoftedu.com
汉仪黛玉体	1234567890	hnansoftedu.com
汉仪蝶语体	1234567890	hnansoftedu.com
汉仪方叠体	**1234567890**	**hnansoftedu.com**
汉仪仿宋	1234567890	hnansoftedu.com
汉仪橄榄体	1234567890	hnansoftedu.com
汉仪哈哈体	1234567890	hnansoftedu.com
汉仪海韵体	1234567890	hnansoftedu.com
汉仪黑咪体	**1234567890**	**hnansoftedu.com**
汉仪琥珀体	**1234567890**	**hnansoftedu.com**
汉仪火柴体	1234567890	hnansoftedu.com
汉仪报宋	1234567890	hnansoftedu.com
汉仪楷体	1234567890	hnansoftedu.com
汉仪菱心体	**1234567890**	**hnansoftedu.com**
汉仪南宫体	1234567890	hnansoftedu.com
汉仪咪咪体	1234567890	hnansoftedu.com
汉仪清韵体	1234567890	hnansoftedu.com
汉仪神工体	1234567890	hnansoftedu.com
汉仪书魂体	1234567890	hnansoftedu.com
汉仪书宋二	1234567890	hnansoftedu.com

附图 2　常用字体对照（续）

汉仪书宋一	1234567890	hnansoftedu.com
汉仪舒同体	1234567890	hnansoftedu.com
汉仪双线体	1234567890	hnansoftedu.com
汉仪水滴体	1234567890	hnansoftedu.com
汉仪太极体	1234567890	hnansoftedu.com
汉仪娃娃篆	1234567890	hnansoftedu.com
汉仪魏碑	1234567890	hnansoftedu.com
汉仪丫丫体	1234567890	hnansoftedu.com
汉真广标	1234567890	hnansoftedu.com
黑体	1234567890	hnansoftedu.com
华康少女文字	1234567890	hnansoftedu.com
华文彩云	1234567890	hnansoftedu.com
华文仿宋	1234567890	hnansoftedu.com
华文琥珀	1234567890	hnansoftedu.com
华文楷体	1234567890	hnansoftedu.com
华文隶书	1234567890	hnansoftedu.com
华文宋体	1234567890	hnansoftedu.com
华文细黑	1234567890	hnansoftedu.com
华文新魏	1234567890	hnansoftedu.com
华文行楷	1234567890	hnansoftedu.com
华文中宋	1234567890	hnansoftedu.com
经典标宋	1234567890	hnansoftedu.com
经典长宋	1234567890	hnansoftedu.com
经典超圆	1234567890	hnansoftedu.com
经典粗黑	1234567890	hnansoftedu.com
经典等线	1234567890	hnansoftedu.com
经典叠圆体	1234567890	hnansoftedu.com
经典仿宋	1234567890	hnansoftedu.com
经典黑体	1234567890	hnansoftedu.com
经典楷体	1234567890	hnansoftedu.com
经典空叠圆	1234567890	hnansoftedu.com
经典空趣体	1234567890	hnansoftedu.com

附图 2　常用字体对照（续）

经典隶变	1234567890	hnansoftedu.com
经典隶书	1234567890	hnansoftedu.com
经典美黑	1234567890	hnansoftedu.com
经典平黑	1234567890	hnansoftedu.com
经典趣体	1234567890	hnansoftedu.cor
经典舒同体	1234567890	hnansoftedu.com
经典宋体	1234567890	hnansoftedu.com
经典特黑	1234567890	hnansoftedu.com
经典特宋	1234567890	hnansoftedu.com
经典细隶书	1234567890	hnansoftedu.com
经典细宋	1234567890	hnansoftedu.com
经典细圆	1234567890	hnansoftedu.com
经典行书	1234567890	hnansoftedu.com
经典圆体	1234567890	hnansoftedu.com
经典中圆	1234567890	hnansoftedu.com
经典综艺体	1234567890	hnansoftedu.com
楷体	1234567890	hnansoftedu.com
隶书	1234567890	hnansoftedu.com
宋体	1234567890	hnansoftedu.com
微软简标宋	1234567890	hnansoftedu.com
微软简粗黑	1234567890	hnansoftedu.com
微软简楷体	1234567890	hnansoftedu.com
微软简老宋	1234567890	hnansoftedu.com
微软简隶书	1234567890	hnansoftedu.com
微软简综艺	1234567890	hnansoftedu.com
文鼎齿轮体	1234567890	hnansoftedu.com
文鼎中特广告体	1234567890	hnansoftedu.com
新宋体	1234567890	hnansoftedu.com
幼圆	1234567890	hnansoftedu.com

附图2　常用字体对照（续）